JN108489

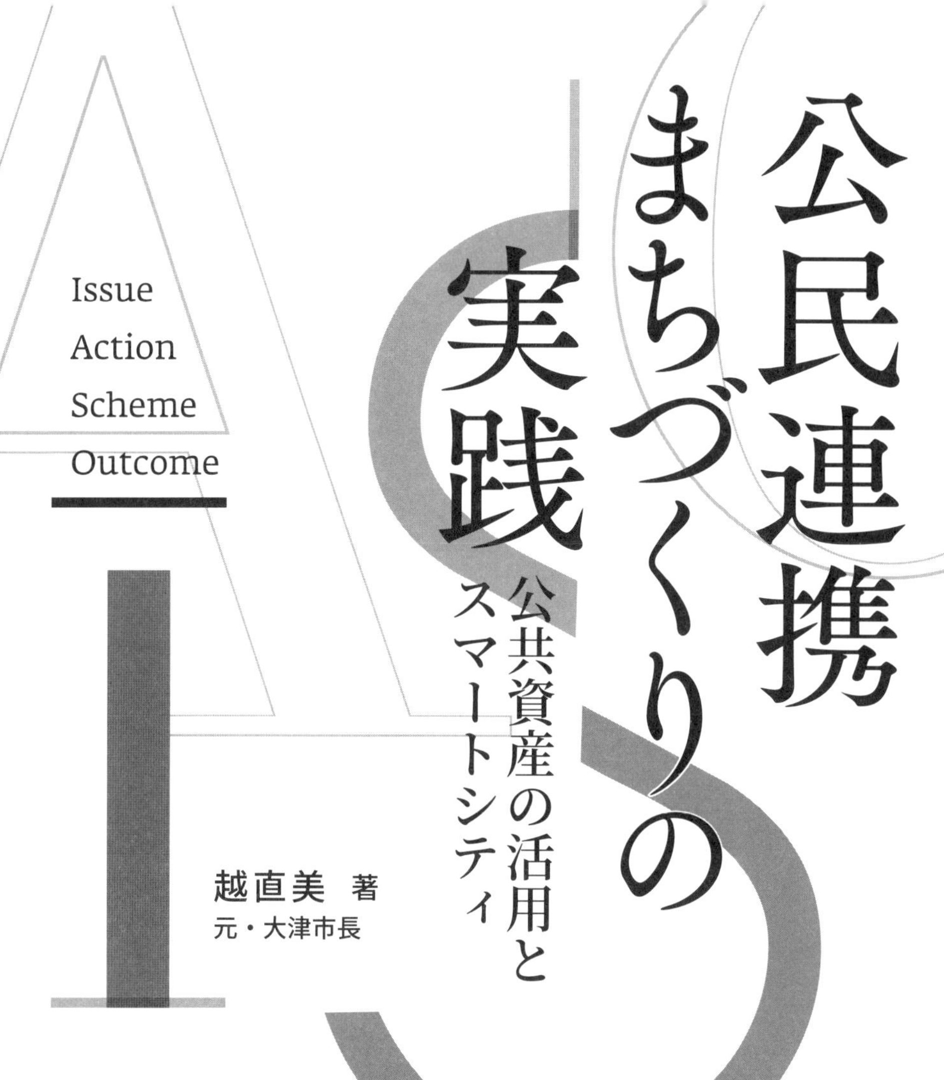


# 公民連携まちづくりの実践

## 公共資産の活用とスマートシティ

越直美　著
元・大津市長

学芸出版社

# はじめに――本書の構成

私は、2012年から2期8年、大津市長をつとめた。本書は、その間に、職員とともに進めた公民連携とスマートシティの実践例である。

厳しい財政状況を出発点として始めた公民連携の取り組みであったが、その結果生まれたのは、単なる経費削減ではなく、市民が楽しめる空間だった。

本書で述べるいずれの事例も、Issueでは取り組みの背景となる問題、Actionでは問題解決のために大津市が起こした行動、Schemeでは具体的な手法や手順、Outcomeでは取り組みの成果という内容に沿うように記載している。

公民連携を進めるためには、自治体と民間事業者の役割を整理して再構築するとともに、事前の調査やスキームの組み方に工夫が必要である。本書では、スキームを組む際の実務上のコツを紹介した。

また、現在、私は弁護士として民間事業者へのアドバイスを行っているが、民間事業者からは自治体の仕組みが見えにくいことも多い。そこで、自治体の置かれている状況や背景事情についても言及した。

全国で公民連携やスマートシティを進める自治体の方、そして民間事業者の方に、お手に取っていただければ幸いである。

2021年8月吉日

越直美

## 目次

Introduction

# 今求められる公民連携とは

## 自治体の三重苦――人口減少・少子高齢化・施設老朽化

今、日本の抱える最も大きな問題は、人口減少である。日本全国の多くの自治体は、人口減少・少子高齢化・施設老朽化という三重苦に苦しめられている。

日本の人口は、2008年から減少している。2021年6月現在の日本の人口は、1年前と比べ、約40万人減少した。1年間で人口約34万人の大津市が丸ごと消滅してしまう計算だ。そして、人口減少は、自治体の歳入の大きな部分を占める個人住民税や固定資産税の減少につながる。

人口減少とともに進行するのが、少子高齢化である。2020年現在、日本の高齢化率（人口に占める65歳以上人口の割合）は29%。40年後の2060年には、高齢化率は38%と予測され[注1]、人口の4割を高齢者が占めるようになる。自治体の財政運営をすでに四苦八苦させているのが、この高齢化である。すなわち、民生費（生活保護、高齢者福祉、障がい者福祉、児童福祉等に関する費用）といった社会保障費の増大である。例えば、大津市では、一般会計当初予算に占める民生費の割合は、2005年度の28%から、2019年度には42%に増加した。社会保障費が増大することにより、自治体が自由に使えるお金が減っているのである。

さらに、このような財政難の中、自治体の公共施設の老朽化が進む。自治体の保有する施設は、高度経済成長期に整備されたものが多い。大津市でも、保有する施設の約80%が、1965年頃から2000年頃に整備された。すでに50年以上経過している施設もあり、大規模改修や建て替えが必要となっている。

このように、今、自治体は、人口減少で歳入が減り、高齢化により社会保障費にかかる歳出が増大する中で、老朽化した公共施設の維持管理や更新を行わなければならないという三重苦の状況にある。

## マイナスのパイを切り分ける

そのような状況の中で、自治体がやるべきことは2つである。

まずは、人口を増やす努力をすること。私が市長に立候補した動機は、保育園が足りないこと等により、女性が「仕事か子どもか」の二者択一を迫られる社会を変えたいということだった。市長在任中の8年間に、保育園等54園、約3,000人分を整備し、待機児童は年度当初で4年ゼロとなった。その結果、5歳以下の子どもを持ってフルタイムで働く女性が70%増加し、M字カーブが解消した。そして、減少傾向であった大津市の人口も2019年には増加した。

しかし、日本全体で見た場合、残念ながら、手遅れという状況である。今後、出産・子育てをする若年層の人口はすでに減少している。また、2020年の合計特殊出生率（1人の女性が一生の間に生む子どもの数）は、1.34。人口を維持するのに必要とされる2.1に遠く及ばない。

そこで、必要となるのが行財政改革である。人口増加の昭和の時代、自治体の役割は、市民に「プラスのパイ」を切り分けることであった。自治体内のどの地域に新しい施設や道路をつくるかを決めるのが、首長や議会の仕事であった。しかし、人口減少時代においては、自治体の仕事は、「マイナスのパイ」を切り分けることである。どの地域のどの施設をなくすのか。痛みを市民に振り分けることが避けられなくなっている。

私は、8年間、子育て支援と並んで、この行政財改革に取り組んだ。高齢者のはり・きゅう・マッサージや敬老祝金等の補助金をカットし、幼稚園等の施設の統廃合を進めた。事業や補助金の廃止等で132億円を削減。

そのために、職員が何度も関係者や地域に説明に行き、私自身も怒鳴られ、「高齢者に冷たい」と言われながら、説明を続けた。決して楽しい仕事ではない。しかし、人口減少社会において避けては通れない仕事である。

## 自治体の役割の転換――空間の開放

このように、人口減少社会において自治体のすべきことは、子育て支援による人口増加と行財政改革であると思い、私は、当初よりマニフェストに掲げ、一貫して取り組んだ。しかし、厳しい財政状況の下、何をするにも「お金がない」というところから出発しなければならない中で、第三の解もあるのではないかと気付いた。

それが、本書で述べる公民連携である。

これまで、自治体がまちづくりを行う場合には、市民の税金で公共事業を行うという手法が主であった。しかし、人口減少時代には、自治体にお金がなく、公共事業はできない。では、まちづくりはできないのかというと、答えは否である。

必要なのは、発想の転換である。自治体が何でも自分でするのではなく、今、自治体に求められているのは、自治体の持つ資産を「手放す」ことである。

日本の自治体は、戦後そして高度経済成長期において、公共施設やインフラを整備してきた。それらの中には、老朽化や時代のニーズとの不一致により、使われなくなっているものもある。そして、公共施設やインフラの維持管理が自治体の重荷になっている今こそ、それらの施設を民間に開放し、民間事業者に使ってもらうのである。

## 公民連携が生み出す市民の幸せ

自治体に「お金がない」というところから出発した公民連携の実践であったが、本書で述べるプロジェクトを進めるうちに、分かったことがあった。公民連携の真の価値は、経費削減ではなく、より市民が楽しいまちづくりをすることにあったのだ。

これまでの行政の仕事の進め方は、様々な市民や関係者の意見を聞き、まず計画をつくる。計画に基づき、予算を割り振り、公共事業を進める。当然、時間がかかり、できあがった時点で、すでに時代と合わないこともある。また、公共事業は税金を使う仕事であるがゆえに、様々な市民の意見を聞くうちに、建築する建物の個性が失われ、全国どこの自治体にでもあるような面白みのない建物ができてしまう。さらには、個人市民税や固定資産税といった市税収入と、これらの公共事業に対する支出が連動していないため、赤字採算の過大な施設をつくってしまうこともある。

これに対して、民間事業者が事業を行う場合、自治体の倍くらいのスピードで事業が進む。そして、民間事業者は、事業の採算性を重視するため、顧客の動向に敏感である。顧客、つまり市民が求めているものをつくることができる。

大津市において公民連携の結果できた施設やサービスは、自治体では実現することができなかったものであった。すなわち、市民が楽しめる空間や市民にとってより便利なサービス。これが、公民連携が生み出す真の価値である。

## スマートシティへの応用——情報の開放と失敗の許容

新しいテクノロジーが発展し、情報革命が進む今、自治体がスマートシティの取り組みを進めることは、人口減少社会に対する第四の解となる。

本書でいうスマートシティとは、ICT等の新技術を活用しつつ、マネジメント（計画、整備、管理・運営等）の高度化により、都市や地域の抱える諸課題の解決を行い、また新たな価値を創出し続ける、持続可能な都市や地域を意味する[注2]。

人口減少は、労働力不足も引き起こす。そこで、労働力不足を補うため、新しいテクノロジーを使うことが考えられる。例えば、バスの運転士不足という課題については、本書で述べるとおり、自動運転という解がある。新しいテクノロジーを使うことの目的は、市民生活を便利にすること、そして、自治体のデジタル・トランスフォーメーション（DX）を進め、行政を効率化することにある。

ここでも、自治体の役割に対する基本的な考え方は同じである。自治体には、AIといった新しいテクノロジーの知見はない。一方で、自治体は、多くの情報を有し、その情報が有効活用されないまま眠っている。この情報を開放し、民間事業者に使ってもらうことが自治体の役割である。

そして、スマートシティを進める上で一番大切なことは、自治体が失敗を許容することである。新しいテクノロジーの発展において、失敗なくして成功はない。「行政は間違ってはならない」という無謬性から脱却し、自治体が、スタートアップ企業と融合し、ともに失敗を繰り返しながら、スピーディーに前に進んでいけるかが問われているのである。

## 情報革命時代に求められるまち

人口減少と少子高齢化の中で、全国の自治体は、昭和時代の公共事業中心のまちづくりを続けるのか、それとも、公民連携やスマートシティに舵を切るのか、今まさに岐路に立っている。

新しいテクノロジーの発展は、これまでのまちづくりのあり方を根底から揺さぶっている。かつて商店街が郊外大型店舗に駆逐され、また、地方では百貨店の閉店が相次いでいる。そして、これからは、インターネット・ショッピングの発展により、郊外大型店舗も安泰ではない。インターネットで何でも買える時代において、それでも人が出かける場所はどこなのか。

新型コロナウィルス感染症の流行は、人口減少の影響を前倒しで顕在化させた。乗客の減少によるバスや鉄道の廃止や減便。自治体が10年後のものと思っていた公共交通の危機が現実化し、私たちにもう猶予はない。

一方で、新型コロナウィルス感染症の流行は、地方に新しい可能性をもたらした。デスクワークができる業種では、在宅勤務が当たり前となった。東京からの人口流出が起こり、地方に移住したり、ワーケーションとして地方で過ごしたりする人も増えるであろう。

私たちは、もう買い物に行く必要もなければ、仕事に行く必要もない。そのような時代に人が求め人が出かける場所、それは、そこにしかない自然や価値がある場所、家族や友人と楽しく過ごせる場所、自分が本当に行きたい場所である。だからこそ、自治体は、全国均一のまちづくりから抜け出し、民間事業者とともに市民が楽しいと思える個性あるまちづくりをすることが求められている。

そのようなまちをつくるため、今こそ、自治体は、公共事業の主体から、民間事業者や市民に空間や情報を開放するプラットフォーマへと形を変えていかなければならない。当然、民間事業者や市民も、利益の追求や要望だけではなく、自らが地域にコミットし、楽しさや面白さを享受する。

人口減少の先は暗闇ではない。私たちは、発想と手法の転換により、より自由で楽しい空間をつくることができるのである。

注

注1：内閣府「令和3年版高齢社会白書（全体版）」(2021年) 4頁。

注2：内閣府ウェブサイト「スマートシティ」<https://www8.cao.go.jp/cstp/society5_0/smartcity/index.html>（2021年8月16日最終閲覧）。

# Case 1

# ランドマークを役割分担で再生する

## ——JR 大津駅ビルのリノベーション

# 駅ビル新築構想と交通結節点ではない立地のギャップ

## 大津駅ビルの老朽化と新築構想

JR 大津駅は、戦前に現在の位置に設置され、1975 年、現在の大津駅舎が開業した。私の市長就任時点（2012 年）で、建設から 37 年が経過していた（図 1-1）。本章において、大津駅ビルとは、大津駅舎、すなわち大津駅に併設する 2 階建ての床面積約 2,230 $m^2$ の建物をいう。

老朽化した大津駅ビルについて、市民から大津市に対して、「県庁所在地

図 1-1　リノベーション前の大津駅ビルの外観（提供：大津市）

の駅なのにさびれている」「市で駅ビルを新しくしてほしい」という声が寄せられた。また、経済団体から、駅ビルを新築する構想が上がったこともあった。

しかし、駅ビルは、西日本旅客鉄道株式会社（以下、「JR 西日本」という）の所有物であり、大津市の所有物ではない。また、大津駅ビルに投資して建て替えようという民間事業者もいない。結局、駅ビルを建て替えるということは、大津市が事業主体となって税金を投入することを意味した。

私は、以下の 3 つの理由から、市が事業主体となって駅ビルの建て替えを行うべきではないと考えた。

## 建て替えに否定的な理由①――地理的条件

大津駅ビルが「県庁所在地の駅なのにさびれている」理由は、その地理的条件にあった。近年の大津駅の 1 日当たり乗降客数は 1996 年の 3 万 8 千人強をピークに減少に転じ、2010 年代は 3 万 5 千人前後で横ばいであった。

大津市は、琵琶湖の南西部に位置し、南北約 46km と細長い地形である。JR の駅が 16 駅、京阪電車の駅が 24 駅。大津駅は、大津市の西端に位置する（図 1-2）。

大津市内を通る JR の琵琶湖線と湖西線は、大津駅ではなく、その隣の山科駅（京都市）での乗り換えとなる。大津市内の他の駅（石山駅・膳所駅・大津京駅）は、京阪電車の駅と接続しており、乗り換え客が多い。しかし、大津駅は、京阪電車と接続していない。

また、石山駅や瀬田駅は、駅からバスで郊外の住宅地や高校・大学に向かうターミナル駅として機能している。これに対し、大津駅にはバスが発着するものの、その場所が山と琵琶湖の間に位置するため、他の駅ほど郊外の住宅地が発達しておらず、バスの本数も少ない。さらに、大津駅周辺（図 1-3）に県庁や裁判所は存在するが、市役所の最寄り駅は大津駅ではない。

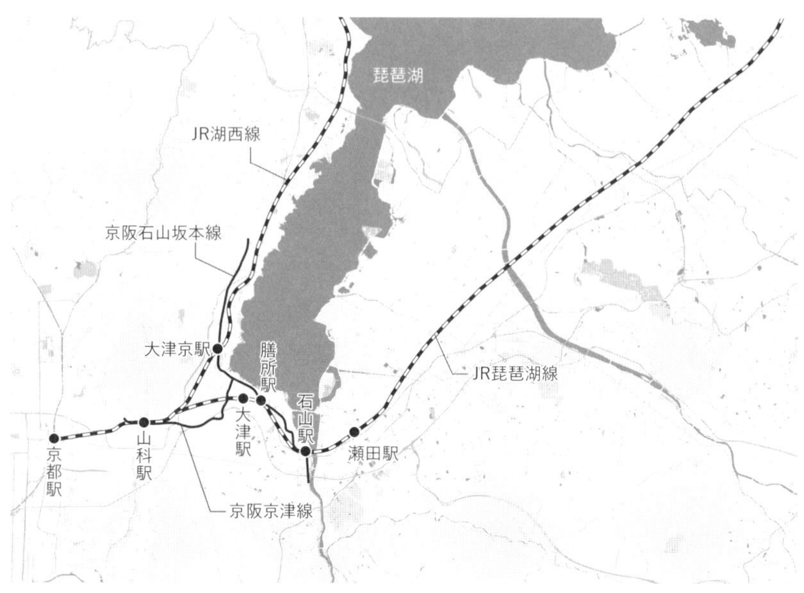


図 1-2　大津駅の位置図（背景図は ©Google）

図 1-3　大津駅周辺の様子。大津駅バスターミナル（上）と大津駅から琵琶湖への眺望（下）（撮影：稲場啓太）

また商業施設も、膳所駅・石山駅・瀬田駅周辺のほうが多い。

このような地理的条件により、大津市で最も乗降客が多い駅は、京阪電車やバスの結節点となっている石山駅であり、大津駅ではなかった。「大津駅」というと県庁所在地の名称ではあるものの、市の最西端にあり、交通結節点ではないため、一般的にイメージされる県庁所在地の駅とは実態が異なった。そのような実態に照らせば、市内に駅が40駅も存在する中で、大津駅だけを特別扱いし、多額の税金をつぎ込むことはできなかった。

## 建て替えに否定的な理由②——厳しい財政状況と税金投入の失敗

Case 2で詳しく述べるが、人口減少と少子高齢化により、税収の増加が見込めない中で、社会保障費が著しく増加し、市の財政は非常に厳しい状況にあった。

加えて、人口が増加した昭和の時代に整備した市の施設の多くが老朽化し、ゴミ処理施設・給食センター・消防署・学校等が、経年のため建て替えや大規模改修の時期を迎えており、多額の予算を要した。そのような中で、そもそも市の所有する施設ではない大津駅ビルに、税金を投入する余裕はなかった。

また、市が第三セクター等を介して、税金を投入した駅ビルが破綻するような事例もあった。民間で採算が取れない場所に税金を費やし、乗降客数や周辺人口に比して過大な施設をつくっても、採算が取れることはなく、破綻してしまう。

ただでさえ厳しい財政状況の中で、不採算が見込まれる大津駅ビルの建て替えに多額の税金を投入することはできなかった。

## 建て替えに否定的な理由③
### ——「県庁所在地の駅」のコピーへの懸念

「県庁所在地の駅」に限らず、市が設計し建築した建物は、全国どこに行っても、外観や構造がよく似ていることが多い。建物が大きく頑丈そうではあるが、特徴や面白みがない。なぜか。

税金で建物を建てる場合には、当然市民の意見を聞かなければならない。様々な意見を聞くうちに、誰かが「いや」だと思うデザインや色がなくなり、最終的に誰もいいと思わない建物ができるということではないかと、私は思っている。

戦後においては、全国の自治体が一斉に道路や建物をつくり、一定の社会インフラを整える必要があった。しかし、社会インフラが整った現在においては、全国一律のまちづくりをする必要はない。税金を投入し、どこかにあるような県庁所在地の駅のコピーをつくりたくないという思いが、私の中にあった。それよりも、大津市にしかないまちづくりをしたかった。

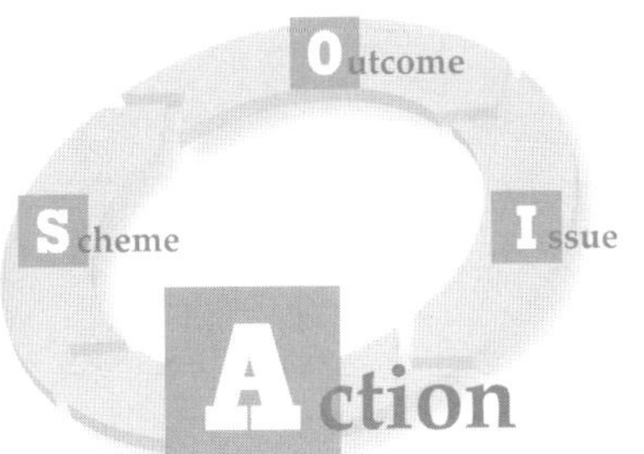




# 駅ビルの運営管理からの撤退

## 大津市による駅ビルの運営管理の実情

大津駅ビルは、JR 西日本の所有物であるが、大津市が 1 階と 2 階を賃借し、土産物店、喫茶店、飲食店、理容室、観光協会、交通事業者等に転貸していた。しかし、大津駅ビルに立ち寄る市民や観光客は少なく、空室も生じていた（図 1-4）。

## JR 西日本との協議と駅ビルからの撤退

2012 年 7 月、大津駅南口改札が大津市から JR 西日本に移管されることに伴い、駅全体の整理等について、JR 西日本から協議の申し出があった。また、駅ビルの空調設備が限界に達しており、改修に約 1 億円の経費が必

図 1-4　リノベーション前の大津駅ビルの内装（提供：大津市）

| | |
|---|---|
| 2012 年 7 月 | JR西日本が大津市に対して駅全体の整理等について協議の申出 |
| 2013 年 8 月 | 大津市が大津駅ビルの賃貸借部分を JR西日本に返還することを決定 |
| 2013 年 9 月 | 大津市が大津駅ビル入居のテナントとの移転補償交渉を開始 |
| 2013 年 11 月 | 大津市が市民や駅利用者に対しアンケート調査実施 |
| 2014 年 3 月 | テナントが大津市に対して賃貸借部分を返還 |
| 2015 年 3 月 | 大津駅ビル原状回復工事完了 |
| 2015 年 5 月 | 大津市が JR西日本と外装改修費用の一部を負担する協定を締結 |
| 2016 年 10 月 | 大津駅ビルのリニューアルオープン |

図 1-5　大津市の撤退からリニューアルに至るまでの時系列
（出典：大津市長・越直美「2016.10.1 大津駅リニューアル OPEN『世界から人の集まる駅と街へ』」（2016 年）11 ～ 12 頁を基に筆者作成）

要であることが判明した。

大津市は、老朽化し利用者も少ない大津駅ビルに 1 億円の税金をつぎ込むべきか。議論の後、2013 年 8 月、大津市は大津駅ビルの 1 階と 2 階を JR 西日本に返還することを決定した。

大津市の撤退からリニューアルに至る時系列は、図 1-5 記載のとおりである。

2013 年 9 月、大津市は転貸していた大津駅ビルのテナントとの移転補償交渉を開始し、2014 年 3 月にテナントからそれぞれの占有区分の返還を受けた。そして 2015 年 3 月、大津市による大津駅ビルの原状回復工事が完了し、大津市は、大津駅ビルの 1 階と 2 階を JR 西日本に返還した。

この間の 2013 年 11 月に大津市が、市民や駅利用者に対してアンケート調査を実施したところ、老朽化していた外装改修に対する強い要望があった。

# 民間によるテナント誘致と改修費の一部負担

## JR 西日本によるテナントの誘致

大津市は、駅ビルからの撤退を決定した時点で、明確な駅ビルの再生ビジョンを持っていたわけではなかった。駅ビルを再生してくれる民間事業者を探したが、そのような事業者は見つからなかった。しかし、大津市が駅ビルから撤退しなければ、現状は変わらないばかりか、ますます老朽化が進むだけである。そこで、大津市としては、JR 西日本に駅ビルを返還した上で、別の形で駅ビルの再生にかかわることはできないかと考えた。

そこで、2012 年以降、大津市は駅ビルからの撤退や今後の駅ビルのあり方について、JR 西日本との協議を続けた。また、2016 年 5 月、大津市は、大津駅連携庁内プロジェクトチームを結成した。大津駅の再生には、駅やまちづくりを所管する都市計画部に加え、大津駅が観光の拠点にもなることから、観光を所管する産業観光部等、庁内の連携が必要だったからである。

一方、JR 西日本グループが、以下の方針でテナントの誘致を行った。

① 話題性と集客力のある核テナント

② 駅利用者のニーズに対応する日常的に利用できる店舗

③ 市民や観光客にとって滋賀の魅力を感じられる店舗

そして上記の方針に従って、図 1-6 記載のテナントが誘致された。

| | 会社名 | 業種・業態 | テナント誘致の方針 |
|---|---|---|---|
| 1 | ㈱バルニバービ | レストラン・簡易宿泊施設等 | ① |
| 2 | ㈱ジェイアール西日本デイリーサービスネット | コンビニエンスストア | ② |
| 3 | スターバックスコーヒージャパン㈱ | カフェ | ② |
| 4 | ビーフスタイルオカキ㈱ | 近江牛ダイニング「OKAKI」（滋賀県） | ③ |
| 5 | ドリームフーズ㈱ | 近江ちゃんぽん「ちゃんぽん亭総本家」（滋賀県） | ③ |
| 6 | ドリームフーズ㈱ | そば・地酒「金亀庵」（滋賀県） | ③ |
| 7 | 大津市 | 観光案内所 | |

図 1-6　JR 西日本グループが誘致したテナント一覧

## 核テナントとなったバルニバービ

この中で核となったテナントは、株式会社バルニバービ（以下、「バルニバービ」という）である。

バルニバービが、大津駅の2階全体を使用し、従前使用されていなかった2階屋上についても、テラスとして使用することになった。

バルニバービは、関東と関西を中心にピッツェリア・カフェ・レストラン等、それぞれに異なるコンセプトを持つ飲食店を企画・運営している。佐藤裕久社長は、「道のある所に店を出すのではなく、店を出した後にお客様のくる道が出来る」をモットーとし、他の外食産業が出店しないような立地に出店し、まちの賑わいをつくってきた。バルニバービのように、あえて「放っておかれた」場所に出店し地域を変えるという挑戦ができる事業者でなければ、大津駅ビルは選ばなかっただろう。

また、大津市が民間事業者を自ら探した際には、バルニバービのような事業者には巡り合えなかった。これも、JR 西日本グループのネットワークのおかげであり、行政が事業を実施していれば、できなかったことである。

## 大津市による改修費の一部負担と観光案内所の設置

民間の力で進んだ大津駅ビルの改修であるが、大津市が全く関与しなかったわけではない。大津市は、JR 西日本と協議を続け、まちの玄関口としての駅の外装改修経費を一部負担するとともに、公衆トイレの改修を行った。

先述のように、外装改修についてはアンケートで市民の強い要望があった。そこで大津市は、2015 年 3 月改定の「第 2 期大津市中心市街地活性化基本計画」において外装改修を具体的事業として位置づけ、経費の一部を負担した。具体的には、JR 西日本が施工した改装改修工事費総額 1 億円のうち、市が 2/3 を負担することになった。そして、市の負担のうち 50%に、国費である社会資本整備総合交付金があてられた。したがって、JR 西日本 1/3、市 1/3、国 1/3 の負担となった。

また、公衆トイレについても、従前どおり大津市が設置した。

加えて大津市は、撤退にあたって一旦閉鎖した観光案内所を従前どおり開設することにした。観光の拠点としての機能は依然として必要だと考えたからである。

## 関係者の生の思いを伝えた記者会見

2015 年 10 月、大津市は、JR 西日本、バルニバービとともに、最初の記者会見を行い、大津駅のリノベーションについて発表した。私も市長として出席した。

また 2016 年 8 月、大津市は、JR 西日本、JR 西日本不動産開発株式会社、バルニバービとともに記者会見を行い、テナントの詳細等を発表した(図 1-7)。それとともに、対談を行った。駅のリノベーションにとどまらないこれからのまちづくり、大津の魅力、新しい観光案内所のあり方や観光の可能性等について、関係者の思いを語り合い、情報誌等で発信した。

図 1-7　2016 年の記者会見の様子（出典：大津市ウェブサイト「越市長の市政日記」（2016 年））

Outcome

Scheme Issue Action

Case 1

# 既存建物を活かしたリノベーションと若年層の利用者の増加

## 駅ビルのリノベーションの完成

2016年10月、ついに大津駅のリノベーションが完成した。JR西日本グループが、建物の躯体を活かしてリノベーション工事を行った。リノベーションの結果、元々の建物のシンプルな水平ラインが映え、大津市も費用を負担した外装改修の効果もあり、統一感のある白い美しい外観となった(図1-8)。

図1-8　新しくなった大津駅ビルの外観（撮影：稲場啓太）

また、ガラスを中心としたファサードで、開口面積を広くとることで、新しく入居したテナントの店内の様子を駅前広場から見ることができ、外からも駅ビルの賑わいが感じられるようになった。

## バルニバービの「ザ・カレンダー」が生んだ多世代の賑わい

バルニバービは、2階に「ザ・カレンダー」をオープンした。ザ・カレンダーは、レストラン、カフェ、テラス、ラウンジ、カプセルホテル等で構成する複合施設である（図1-9）。

ザ・カレンダーは、打ちっぱなしの高い天井が印象的な空間であるが、

図1-9　ザ・カレンダーのカフェとテラス（提供：バルニバービ）

実はこの天井は大津駅の元の天井がそのまま生かされている。また、エントランスから2階へ誘導する広い階段があるが、これも元々の階段の位置が生かされている。アートを飾ることで階段を上がる楽しみや期待感をもたらす等、同じ空間が、リノベーションによって、スタイリッシュな空間に生まれ変わったのである（**図1-10**）。

そして、一番大きな変化は、若い世代が駅ビルに集まるようになったことである。お昼の時間帯には、靴を脱いで座れる小上がりの席に、若い親子連れが集まるようになった。夜には、会社帰りの若者が、テラス席でバーベキューをしたり、卓球台で卓球を楽しんだりする姿も見られるようになった。週末は、年代を問わず市民や観光客で賑わっている。

また、1階にも、滋賀県ゆかりの飲食店や駅利用者が日常的に利用する店舗が入り、市民や観光客で賑わうようになった。

図1-10　ザ・カレンダーの天井（上左）・階段（上右）・小上がり（下右）（撮影：稲場啓太）

## 生まれ変わった観光案内所

大津市が設置した観光案内所も全く新しく生まれ変わった(図1-11)。大津市としては、駅だけのリノベーションにとどまらず、新しくなった駅の賑わいを街中に誘導したいと考えた。そこで、「駅から街中に人が飛び出す仕掛け」を観光案内所につくったのである。

具体的には、レンタサイクルを設置し、大津駅から琵琶湖や街中へ自転車で行ける環境を整えた。また、酒蔵ツアーや着物ツアー等を企画し、大津の街中へ人々を誘導した。さらに、大津駅前広場で定期的にイベントを開催し、市民が集う機会の充実にも努めた(図1-12)。例えば、「アキサイ!」

図1-11　生まれ変わった観光案内所(左=撮影:稲場啓太/右=提供:バルニバービ)

図1-12　大津駅前広場でのイベントの様子

として、大津の味覚を楽しめる催し「近江秋の実りマルシェ」や大津市内の各所で使える商品券がもらえる「じゃんけん大会」を行った。

## 民間によるリノベーションのインパクトとスピード

大津駅ビルは、JR 西日本グループ、そしてバルニバービをはじめとするテナントによって、全く新しい空間へと生まれ変わった。市民もあまり立ち寄らなかった「さびれた」駅ビルが、若者を含む様々な世代の市民や観光客が集う場所になった。

大切なのは、新しく建てるハコとしての建物ではなく、どのようなテナントが入り、どのような人を集めるかという中身である。そして、それが得意なのは、行政ではなく、民間である。

もし、大津市が市の事業として大津駅ビルを建てていれば、駅ビルの規模にもよるが、計画に 3 年、基本設計に 1 年、詳細設計に 1 年、工事に 2 年と、合計で 7 年くらいはかかっていたかもしれない。それが、民間の力により、約 1 年半の工事期間で完成に至った。民間事業者ならではの意思決定のスピードと、既存の価値をうまく活かすリノベーションという手法が、素早い変化をもたらしたのである。

## 駅から始まるまちづくり

大津市は、駅のリノベーションを契機として、大津駅から琵琶湖へと市民や観光客を誘導するまちづくりを始めた。

具体的には、大津駅から琵琶湖に続く片側 2 車線の道路の 1 車線を歩道化して、大津駅前公園と一体化し、市民や観光客が集える憩いの場をつくることにした。また、琵琶湖沿いの湖岸なぎさ公園にも、民間施設の誘致の検討を進めた。

このように駅が変わることで、まち全体の都市計画が大きく動き出した。

## 事業を通して見えた今後のまちづくりの方向性

私自身は、新しい大津駅が完成するまで、子育て施策や行財政改革といった市の施策を市民に説明する場合、「保育園を20園つくりました」「歳出を100億円削減しました」というように数字を用いて話してきた。しかし、大津駅ビルのリノベーションの成果は、そこに来れば一目瞭然で分かり、説明がいらない。まちを変えることは、多くの人に感動を与えることである。大津駅ビルのリノベーションは、私が「まちづくりはおもしろい」と思うきっかけになった。

すなわちそれは、今後のまちづくりの方向性が見えたということであった。新しいまちづくりとは、自治体が何でも税金を投入するのではなく、民間事業者と連携し試行錯誤しながら、市民が「面白い」「楽しい」と思って集う空間をつくっていくものである。

人口減少に加え、新型コロナウィルス感染症の流行により、地方都市、その中でも特に中心市街地では、デパートや商業施設の撤退がますます進むであろう。そのような状況で、税金を投入して無理に今までの形を維持するのか、それとも民間事業者とともに、その地域に合った個性的なまちづくりを進めるのか。行政は今まさに問われているのである。

# Case 2

# 負の公共資産を賑わいの場に変える

## ——大津びわこ競輪場跡地の利活用

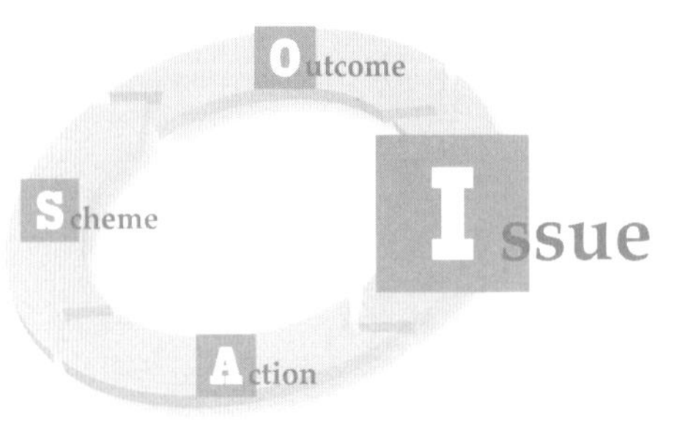


Case 2

# 公有地の活用を阻む莫大な施設解体費

## 廃止が進む公共施設

日本全体の最も大きな課題は、人口減少である。人口が減るということは、これまで使われてきた公共施設を使う市民が減り、公共施設が使われなくなることを意味する。典型的な事例が、小学校・中学校・高校の廃校である。少子化が進んでいるためである。

2002年度から2017年度の廃校数は、全国で7,583校[注1]。このうち、「活用の用途が決まっていない」とされているものが20%に上る。建物が廃止も活用もされずに放置され、建物の維持管理が十分にされない場合には、安全面の問題や防犯上の懸念が生じる。また、建物が十分活用されないのに、自治体が維持管理コストだけを支出するという事態も生じる。一方、

図2-1　大津びわこ競輪場
（出典：大津市「大津びわこ競輪場跡地公募提案型貸付事業について（報告）」（2019年）22頁）

人口が減っていない場合でも、戦後につくられた公共施設の目的が、現代に合わなくなり、施設が廃止される場合もある。

大津市では、1950年から大津びわこ競輪場で競輪事業を行っていたが、2004年度以降赤字決算が常態化し、2010年度末をもって競輪事業が廃止された。そこで問題となったのが、大津びわこ競輪場の建物と敷地（図2-1）の利活用である。



## 莫大な解体費を背景とする利活用の停滞

大津びわこ競輪場の利活用を考える上で最大の課題となったのが、競輪場の解体費である。

競輪場は、約65,000$m^2$の敷地に、競争路やスタンド、さらに宿泊棟まで備えた広大な施設であったため、解体には20億円かかる可能性もあった。

2015年度の大津市の一般会計当初予算は、約1,083億円。予算のうち民生費の占める割合が年々大きくなり、市の裁量で使える予算は減っていた。民生費とは、生活保護、高齢者福祉、障がい者福祉、児童福祉等にかかる予算で、法律で給付することが義務付けられるものが多く、市が勝手に予算を減らすことはできない。民生費の割合は、2005年度には28%であったものが、2019年度には42%にまで増加した。

2015年度の大津市の経常収支比率は、90%。経常収支比率とは、義務的経費等、毎年経常的に支出される経費の割合を示したものである。

90%というと、10%は自由に使えるように思われるかもしれない。しかし、実際、私の感覚からいうと、市長が就任当初に自由に決定できる予算は数億円程度にとどまり、数年かかって様々な事業を廃止・縮小することで、やっと一般会計予算の1%、10億円程度を捻出できる、というのが正直なところである。

したがって、20億円の解体費は、大津市のような中核市であっても、簡単に出せるものではない。近年では、公共施設の除却に要する経費に公共施設等適正管理推進事業債を充当することもできるが、自治体の負担は依然として大きい。まして、新しい施設をつくるのに20億円を使うのであれば市民に説明しやすいが、施設の解体に20億円というのは、市民への説明が難しい。市民に直接どのような便益が生じるのか、説明しづらいからである。

さらに、大津市においては、ごみ処理施設の建て替えという約335億円を要する超大型事業が控えており、他の事業に20億円を費やす余裕はなかった。

そこで、競輪事業が廃止された後、大津びわこ競輪場の施設をグラウンドゴルフや防災の拠点として暫定的に使用するものの、建物を解体するには至らなかった。

## 解体費負担も含めた民間事業者の募集

莫大な施設解体費という大きな課題をかかえ、職員と議論を重ね、民間事業者に解体費を負担してもらうことができないかと考えた。

これまでは、市が市有地を売却や賃貸する場合には、当該土地上の建物を市が撤去し更地にした上で、売却または賃貸するというのが、当たり前のように考えられていた。しかし、法令上そのような決まりはなく、新しい施設を建てる事業者が、古い建物をあわせて解体したほうが、効率的であり、市の負担がない。

そこで、競輪場跡地の利活用に際しては、厳しい財政状況に鑑み、大津市が「一切の財政負担を伴わないこと」を前提に検討することにした。

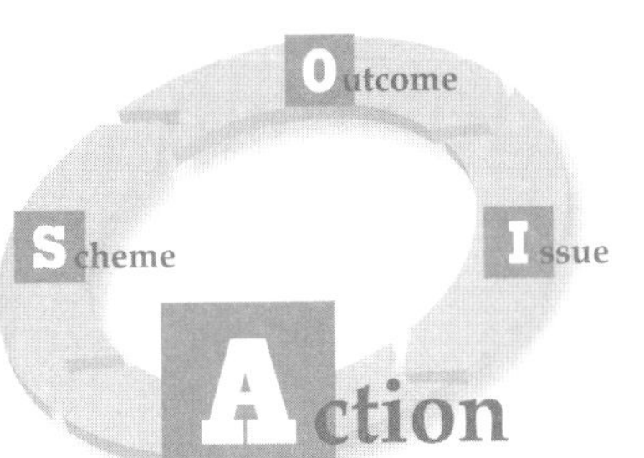


Case 2

# 市・市民・事業者の「三方よし」の利活用方針



## 民間活力導入の基本的な方針の策定

大津市が「一切の財政負担を伴わないこと」が可能かについて検討を重ね、2016年3月、「大津びわこ競輪場跡地利活用における民間活力導入の基本的な方針について」（以下、「利活用方針」という）を取りまとめ、市民に公表した。

利活用方針で定めた利活用の主な条件は、図2-2記載のとおりである。以下、このような条件を設定するに至った背景を説明する。

| 1　敷地条件 | |
|---|---|
| ① | 公園としての都市計画決定の変更は行わない。 |
| ② | 多目的広場（公園）を民間事業者の負担により整備する。 |
| 2　既存施設の解体撤去 | |
| ① | 大津市の財政負担がない形で実施する。既存施設の解体撤去のみならず、多目的広場（公園）の整備についても、費用は民間事業者が負担する。 |
| 3　事業手法 | |
| ① | 競輪場跡地は、都市計画決定された都市計画公園内に存していることから、将来的に都市公園として整備する必要がある。そこで、土地の売却は行わず、定期借地権を設定する。 |
| ② | 民間事業者の利活用の期間は、20年以上を目安とする。 |

図2-2　利活用方針において定めた主な条件

## 市・市民・民間事業者の「三方よし」のスキーム

民間活力導入の条件、すなわち事業スキームを決定する上で、最も重要なことは、市・市民・民間事業者の「希望」を整理し、それらの重なるところに、スキームを落としこむことである。そのイメージは、図2-3記載のとおりである。

近江商人の理念として、「三方よし」という言葉がある。これは、「売り手よし」「買い手よし」「世間よし」の3つの「よし」を意味する。つまり、よい商売とは、売り手と買い手がともに満足し、社会に貢献できるものであるという考え方である。

これを競輪場跡地の利活用に当てはめてみると、市にとって望ましく、民間事業者にとって望ましく、そして何より市民にとって望ましいスキームが求められることになる。

そして、市・市民・民間事業者のいずれかの希望が叶わないと、民間活力導入はうまくいかない。例えば、市が民間事業者に過度な負担となる条件を示せば、民間事業者の応募がなくなる。また、民間事業者が利益のみを追求すれば、市民の期待に応えられない。

そこで、市・市民・民間事業者の「希望」を聞き取り、整理し、重なり

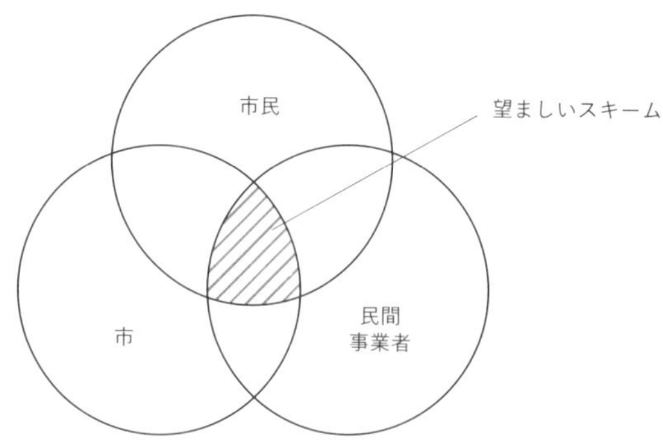


図2-3　市・市民・民間事業者の「希望」の重なりのイメージ図

合いを見つける作業が、非常に重要になる。

## 市の希望――財政負担ができない

大津市の希望は、これまで述べてきたとおり、一切の財政負担ができないということである。すなわち、「お金がない」ということに尽きる。

利活用方針で定めた条件のうち、「既存施設の解体撤去のみならず、多目的広場（公園）の整備についても、費用は民間事業者が負担する」という部分は、大津市の希望を反映したものである。

## 市民の希望――市民が憩える公園がほしい

利活用方針の策定に際しては、市民、特に、近隣住民へのアンケート等を行った。

その結果、市民が憩える公園の整備が期待されていることが分かった。

実は、競輪場の敷地は、1943年に都市計画決定された公園内に存在していた。しかし実際には、1950年に大津びわこ競輪場が開設され、実態としては「公園」として利用されてこなかった。そこで、スキームの検討にあたっては、公園としての都市計画決定を変更し、民間事業者に土地を売却することも検討した。

しかし、市民の公園としての利活用の希望を受けて、土地を売却せずに、定期借地権を設定した上で、民間事業者が公園を整備することを条件とした。

そして、公園の規模感についても市民から聞き取り、最低でも、グラウンドゴルフや自治会の運動会等の開催が可能となる広場として、8,000m$^2$以上の規模を基本とすることとした。さらには、天然芝の整備、駐車場の設置等の希望も明らかとなった。また、地域住民の交流が図れるスペースや防災機能の確保が求められていることも分かった。

## 事業者の希望――大規模事業用地を見つけたい

利活用方針を策定するにあたっては、民間事業者のマーケット・サウンディングを行った。サウンディングとは、事業発案段階や事業化段階において、事業内容や事業スキーム等に関して、直接の対話により民間事業者の意見や新たな提案の把握等を行うことで、対象事業の検討を進展させるための情報収集を目的とした手法をいう[注2]。

サウンディングの結果、競輪場跡地については、商業施設として利用したいという需要があることが分かった。というのは、競輪場は、大津市の市街地に位置し（**図 2-4**）、近隣の人口も多い。また、旧国道 161 号線（滋賀県道 558 号高島大津線）と西大津バイパスに挟まれ、車でのアクセスがよい。このような場所に、大規模事業用地を見つけるのは困難であり、競輪場跡地の民間需要は大きいと分かった。

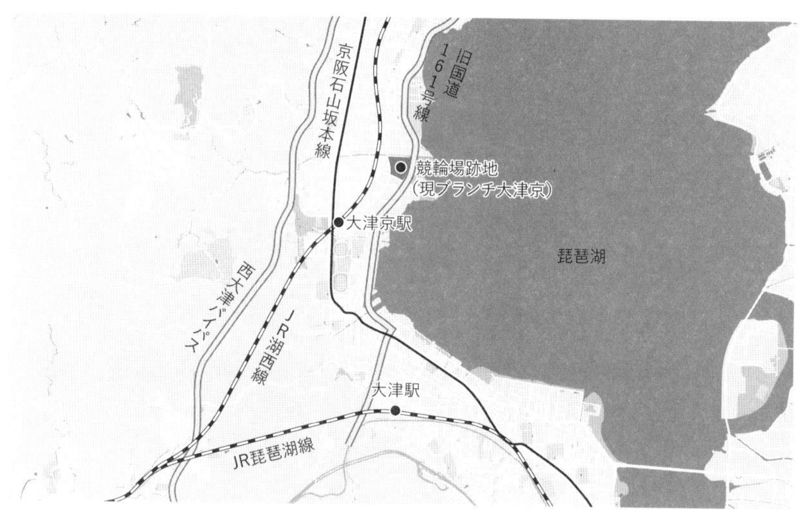


図 2-4　競輪場跡地の地図（背景図は ©Google）

また、利活用の期間についても民間事業者の希望を聞き取った結果、事業者が建物等に投資した資金を回収するのに必要な期間として、20年を目安とした。



## 市・市民・民間事業者の「希望」の重なりを見つける

このように、市・市民・民間事業者のそれぞれの「希望」を聞き取った上で、それぞれが妥協できる範囲で調整し、「三方よし」のスキームをつくる。

前述のとおり、「公園がほしい」という市民の希望が強かったことから、8,000 $m^2$ 以上の公園を整備することを条件とした。大津市の財政状況だけを考えれば、敷地全てを売却するのが一番よいが、それでは、市民の「希望」が叶わない。一方、競輪場跡地の立地のよさから、民間事業者の需要が大きいことが分かったため、「市が財政負担をしない」という条件を変えることはなかった。

このように一からスキームをつくる場合と異なり、ゴミ処理施設や給食センターのPFI事業は、PFI法[注3]が存在し、他市の事例が蓄積されている。したがって、スキームのつくり方や契約書にしても、一定、形が決まっている。

しかし、競輪場跡地の利活用は、前例のない民間活力導入事業である。そのため、自治体の状況、市民の希望、民間事業者のニーズに合わせて、自由にスキームを組むことができる。それが、面白さでもある。

Case 2

# 定期借地による民間事業者主導の施設・広場整備

## 募集要項の策定・公募・審査

2017年2月、大津市は「大津びわこ競輪場跡地公募提案型貸付事業募集要項」を公表し、公募を開始した。募集要項には、利活用方針で定めた条件を反映した。競輪場跡地利活用事業の条件の特徴をまとめると、図2-5記載のとおりである。

| | |
|---|---|
| ① | 競輪場施設を民間事業者に無償で譲渡し、施設の解体を民間事業者の負担により実施する。 |
| ② | 民間事業者の負担により多目的広場を整備し、その多目的広場は、大津市が所管する都市公園として管理する。 |
| ③ | 民間事業者との間で定期借地契約を締結し、土地を一定期間貸し付け、民間事業者が利活用事業を実施する。 |
| ④ | 民間事業者は、定期借地期間満了前までに土地を更地にして、市に返還する。 |

図2-5　競輪場跡地利活用事業の条件の特徴

公募には、3社からの応募があった。大津市が設置した選定委員会における審査の結果、優先交渉事業者として、大和リース株式会社（以下、「大和リース」という）が選ばれた。

大和リースの提案は、「公園の中の商業施設」を掲げ、公園と商業施設が一体となった、他にはない特徴のある提案であった。また、地域貢献に関しても、地域コミュニティの形成のための仕組みの構築、新規ビジネスと女性の雇用の創出、生涯スポーツの推進等が掲げられた。

## 競輪施設の解体と商業施設の建設

2017年8月、大津市と大和リースとの間で基本協定書が締結され、同年11月から競輪施設の解体が始まった（図2-6）。そして2年後の2019年11月に、「ブランチ大津京」と名付けられた民間施設と公園がオープンした。

Case 1でも言及したが、民間事業者が事業を実施した場合と自治体が事業を実施した場合の大きな差異として、事業のスピードを指摘したい。

もし市が、競輪場を解体し、公園や公共施設をつくる場合、計画を立てる期間を除いたとしても、解体設計と解体工事、公園や公共施設の基本設計・詳細設計と建設工事、それぞれ年度ごとに、市議会に予算を提出し、議決を得る必要がある。解体と建設だけで、少なくとも5年以上の時間がかかったのではないかと思う。

これに対して、民間事業者では、2年。半分以下の時間である。公民連携のメリットの1つとして、スピードの違いがあることを実感した。

| | |
|---|---|
| 2017年8月 | 大津市と大和リースが基本協定書を締結 |
| 2017年9月 | 市議会で大和リースに対する競輪施設の無償譲渡等の議案を議決 |
| 2017年11月 | 大和リースが施設解体撤去工事に着手 |
| 2018年9月 | 市議会で定期借地契約の議案を議決 |
| 2018年11月 | 大津市と大和リースが定期借地契約を締結 |
| | 大和リースが施設整備工事に着手 |
| 2019年11月 | 大和リースがブランチ大津京と公園の工事を完了・オープン |

図2-6　基本協定書の締結からオープンに至るまでの時系列
（出典：大津市「大津びわこ競輪場跡地公募提案型貸付事業について（報告）」（2019年）12頁を基に筆者作成）

Scheme Issue Action

Case 2

# 公園と一体化した複合商業施設の開業

## 「ブランチ大津京」のオープン

2019年11月、「ブランチ大津京」がオープンした（図2-7）。

ブランチ大津京は、64,793 $m^2$ の全体敷地面積のうち、公園が 14,999 $m^2$、商業施設が 49,602 $m^2$。公園はひょうたん型で、商業施設と公園が分離されて存在するのではなく、両者が融合していることが、最大の特徴である（図2-8）。

公園には、幼児向けの遊具が設置され、親子連れの市民が多く訪れるよ

図2-7　ブランチ大津京のオープニング（提供：大和リース）

図 2-8　公園と商業施設が融合したブランチ大津京の全景（提供：大和リース）

図 2-9　親子連れで賑わうブランチ大津京の公園と商業施設
（提供：大和リース）

うになった（図 2-9）。また、市民の希望であった駐車場のほか、マンホールトイレ、かまどベンチ、ソーラー照明等の災害時に利用できる施設も整備された。そして、大津市と大和リースとの間で、災害時における協力に関する協定書を締結した。

商業施設としては、スーパーマーケット、家具、衣料、飲食等をはじめとする 42 店舗が入ることとなった。

特徴的なのは、商業施設だけではなく、市民交流、働く場、スポーツ等の多様なスペースが設けられたことである（図 2-10）。

市民の交流スペースとしての「まちづくりスポット大津」には、シェアスペース（貸会議室）やシェアオフィス（貸オフィス）があり、まちづくりや起業のイベントが開催され、市民活動のサポートがなされるようになった。

また、託児機能付きオフィススペース「ママスクエア」もオープンし、女性が子どもと一緒に出勤して働くことができる、新しい空間が生まれた。

さらに、子どもの教育支援やスポーツ推進のために、屋内コート、屋外コートが設けられ、3 人制のプロバスケットボールチームも誘致された。また、ヨガ、ボルダリング、SUP（スタンドアップ・パドル）ができる施設も併設され、市民が様々なスポーツに親しめるようになった。

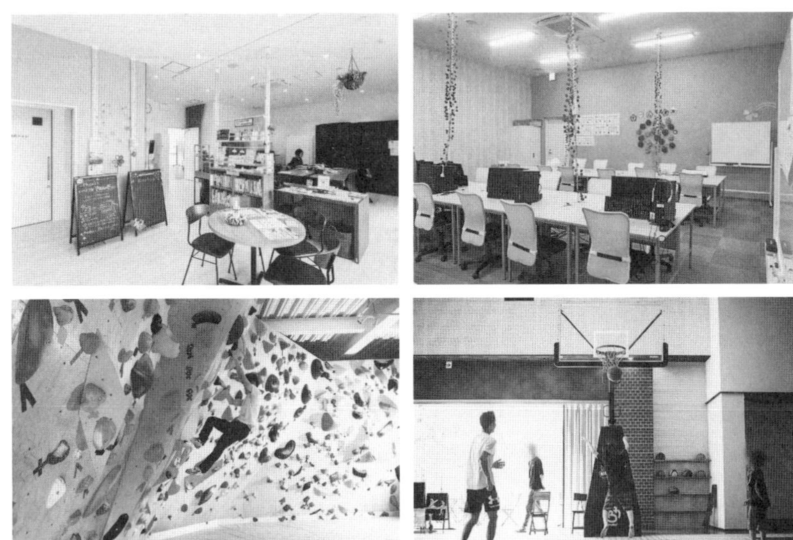

図 2-10　ブランチ大津京に設けられた多様なスペース。
まちづくりスポット大津（上左＝撮影：稲場啓太）、ママスクエア（上右＝提供：大和リース）、ボルダリング施設（下左＝提供：大和リース）、スポーツと飲食の複合施設 SG-Park のバスケットボールコート（下右＝提供：SG-Park）

## 市民が得られたもの——賑わいの場・憩いの場・集いの場

この民間活力導入事業によって、市民にとっては、買い物のできる商業施設はもちろんのこと、公園という憩いの場、そして、公園を取り囲むカフェやまちづくりスポット等の集いの場が得られた。

その一例が、月2日開催されるマルシェである（**図 2-11**）。布小物、アクセサリー、木工等のハンドメイド品が販売され、市民が買い手となるだけではなく、売り手としても活躍している。

図 2-11　ブランチ大津京におけるマルシェの様子（撮影：稲場啓太）

## 市が得られたもの──解体費・公園・借地料

大津市が民間活力導入事業によって得られたものは、図 2-12 記載のとおりである。市が「財政負担しない」という当初の目標が達成できただけではなく、市民が憩う公園ができ、将来にわたって借地料収入が得られることになった。

| | |
|---|---|
| ① | 市が施工すると 20 億円かかる可能性があった解体費を支出せずに、競輪場施設が解体できた。 |
| ② | 市が財政負担をせずに、公園の整備ができた。 |
| ③ | 今後 31 年 6 カ月にわたって、毎年約 8,500 万円、合計 26 億円弱の借地料が、市に対して支払われる。 |

図 2-12　民間活力導入事業によって大津市が得られたもの

## 市の想像を超えて得られたもの
### ――新しい時代の公園と商業施設の融合

「巨額の解体費を負担できない」という大津市の苦悩から始まった競輪場跡地の利活用の検討であったが、ブランチ大津京が完成したのを見て、当初の私の想像を超えて得られたものがあったことに気づいた。

それは、公園と商業施設が融合した新しい時代に求められる空間である。

これまで、自治体がつくった公園は、利用者のニーズに合わなくなったり、財源不足で迅速なメンテナンスができなかったりで、あまり利用されないケースもあった。

一方で、ショッピングモールのような商業施設は、インターネットショッピングの発展により、危機が迫っている。

私が10年ほど前にアメリカに住んでいたころ、郊外にはショッピングモールがあり、どこに行っても、同じ店があり、同じ服が買えた。しかし、今、そのような店が潰れていっている。それは、どこでも買えるものは、インターネットで買うようになったからである。日本でも、新型コロナウイルス感染症の流行により、その傾向は加速している。人は、インターネットで買える物をもうわざわざ買いにいかない。では、どのような空間であれば、これからも人が出かけたいと思うのか。

その答えは、ブランチ大津京にある。人はこれからも、「そこに行くことに意味のある場所」には足を運ぶであろう。家族や友人と一緒に時間を過ごして楽しいと思える場所、ゆっくりとリラックスできる場所。ブランチ大津京は、公園と商業施設が融合することにより、単に買い物をする場所を超えて、そこに行って時間を過ごすことが楽しい空間となった。

## 自治体と民間の融合と公民連携事業の目指すべき姿

もし大津市が公共事業として公園をつくっていたら、ブランチ大津京のような新しい形は生まれなかったと思う。

民間事業者は利益を追求するために、顧客の動向に敏感である。一方、自治体は、本来「お客さん」である市民の動向に敏感であるべきだが、個人市民税や固定資産税といった市税収入と、例えば、公園の維持管理費という支出が連動していないため、公園利用者の動向を気にするインセンティブが低い。競輪場跡地の利活用を通じ、そのような民間企業と自治体の差異を痛感した。

これからは、厳しさを増す自治体の財政事情を背景に、自治体の持つ資産を民間事業者が活用することがますます求められるであろう。そして、そのような公民連携によって生まれるのは、自治体の歳出削減効果だけでなく、より市民のニーズに沿った楽しい空間である。

注

注1：文部科学省大臣官房文教施設企画・防災部施設助成課「廃校発生数・活用状況 廃校活用に関する手続について」(2019年) 1頁。

注2：国土交通省総合政策局「地方公共団体のサウンディング型市場調査の手引き」(2018年) 1頁。

注3：民間資金等の活用による公共施設等の整備等の促進に関する法律（平成11年法律第117号)。民間の資金、経営能力および技術的能力を活用して公共施設等の整備等の促進を図るための措置を講ずるために、実施方針の策定および民間事業者の選定等について定める。

Case 3

# インフラのあり方を合理化する

## ——公営ガス事業のコンセッション

# インフラの持続可能性とガス自由化による厳しい競争環境

## 全国で進む公共施設の老朽化

今、日本全国で、国や自治体の施設の老朽化が問題となっている。学校、公営住宅、道路、上下水道等、様々な公共施設が老朽化し、建て替えや大規模改修工事が必要とされている。

大津市では、2012年、「大津市公共施設白書」（以下、「公共施設白書」という）を作成し、市が保有している公共施設の数、面積、建築年度を調べ、公表した。当時、そのようなことを行っている自治体は少なく、先進的な取り組みであった。自治体では、施設の種類や使用目的等に応じて、部局ごとに所管する施設の管理を行っているのが通常で、大津市でも、市全体の施設を把握し、市民に公表することはされていなかったのである。

2018年に更新した公共施設白書によれば、高度経済成長期の1965年頃から、その後もゴミ処理施設、庁舎、公設卸売市場等の建設が続いたため、2000年頃までの30～35年にわたる期間において施設整備が行われた。現在、大津市が保有する建物の約80%がこの期間に整備されていることが分かる（図3-1）。

したがって、今後、一気に施設の建て替えの時期を迎えることが予想された。2018年更新の公共施設白書でも、施設の耐用年数を建物の構造種別・用途別に40年から60年と想定して、建て替え時期を算定したところ、2031年から2055年までの25年間に建て替え需要が集中すると見込まれた。

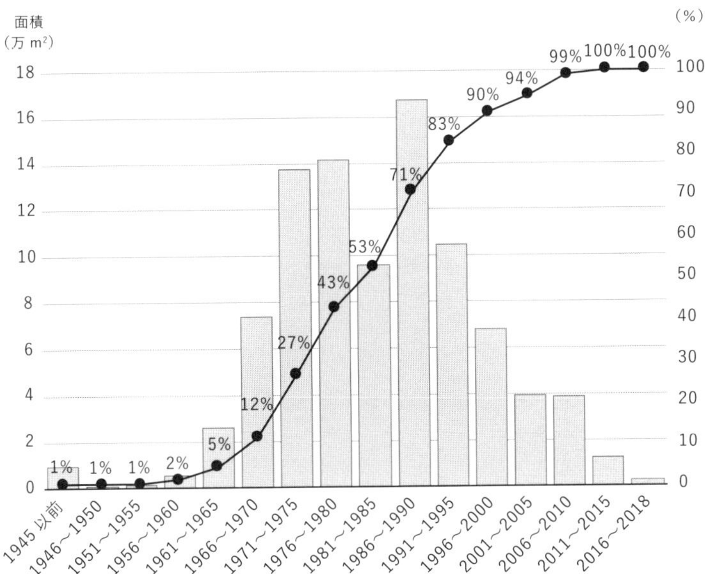


図 3-1　大津市における公共施設の建築年度別建物面積の分布
（出典：公共施設白書（2018 年）18 頁「図 2-1 建築年度別建物面積の分布」を基に筆者作成）

## 人口減少による税収の減少

一方、日本の人口は、減少の一途をたどる（**図 3-2**）。大津市は、近年人口が増加した数少ない地域であるが、日本全体でみれば、2008 年以降、人口が減少している。

人口の減少は、国や自治体にとって、税収が減少することを意味する。東京都等を除く多くの自治体において、自主財源のうち大きな割合を占めるのが、個人住民税と固定資産税である。人口が減れば、個人住民税や固定資産税の減少に直結する。さらに、Case 2 で述べたとおり、人口減少と同時に進む高齢化が自治体の財政を圧迫する。

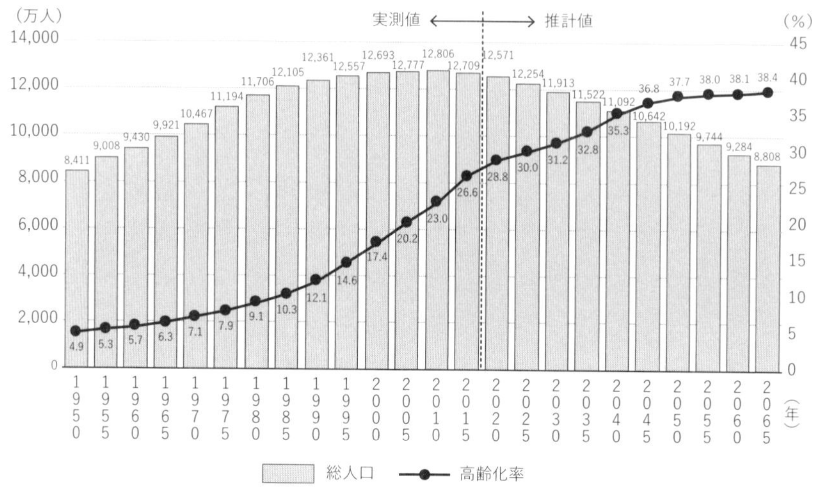


図 3-2　日本の人口と高齢化率の推移

(出典：内閣府「令和 3 年版高齢社会白書（全体版）」(2021 年) 4 頁「図 1-1-2 高齢化の推移と将来推計」を基に筆者作成／注：2015 年までは総務省「国勢調査」、2020 年は総務省「人口推計」(2020 年 10 月 1 日現在（2015 年国勢調査を基準とする推計))、2025 年以降は国立社会保障・人口問題研究所「日本の将来推計人口（平成 29 年推計)」の出生中位・死亡中位仮定による推計結果)

すなわち、自治体は今後、老朽化した公共施設の建て替え時期を迎えるにもかかわらず、その建て替えの財源となる税収が人口減少に伴い減少していくという大変困難な課題に直面する。

## 将来コスト試算に基づく数値目標の設定

大津市では、このような課題に対応するため、公共施設白書を公表した後、2014 年に「大津市公共施設マネジメント基本方針」、2015 年に「大津市公共施設適正化計画」を作成した。

そこでは、まず、公共施設の維持管理にかかる将来コストを算出した。そして、現在の公共施設に対する一般財源の歳出額を確保することを前提とした場合、それだけでは将来コストの 70%程度しかカバーできず、約 30%の財源不足が生じることが明らかになった。そこで、今後 30 年で将

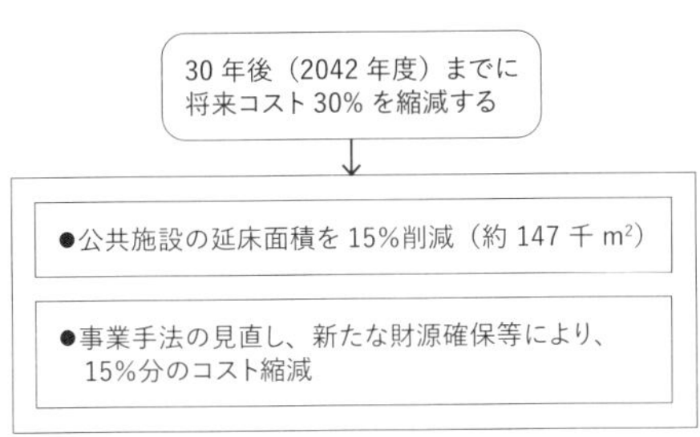


図3-3　将来コスト削減の数値目標
（出典：大津市「大津市公共施設マネジメント基本方針概要版」（2014年）2頁「将来コスト削減の目標期間と数値目標」を基に筆者作成）



来コストを30%減少させることを掲げ、具体的には、公共施設の床面積の15%削減、事業手法の見直し等によるコストの15%削減を目標とした（図3-3）。

公共施設の建て替えや大規模改修を行うためには、まず床面積の削減や余剰な公共施設の廃止が必要である。人口減少が進めば多くの施設において利用者も減るため、施設の統廃合も求められる。

例えば公共施設白書で明らかになったのは、全体の床面積の60%を学校と市営住宅が占めることだった。市営住宅においては、人口減少だけではなく、整備当初の住宅難という社会状況の改善に伴い、空き室も増えていた。そこで、2017年に「大津市住宅マネジメント計画」を策定し、30年間の削減戸数を明確にした。その後、市営住宅の建て替えを行わず、市営住宅の廃止を行うことで、年々、床面積を減少させている。

## 縮減できない公共インフラの老朽化

しかし、すぐに縮減することが困難な施設もある。それが、水道、下水道、ガス、道路等の公共インフラである。

例えば、人口減少により、山中の100戸の集落が10戸になったとしよう。その場合でも、残り10戸には引き続き水を届ける必要があり、水道管を撤去することはできない。集落までの水道管を維持するためにかかるコストは、100 戸であろうと、10 戸であろうと変わらない。もちろん、インフラに関わる施設でも統廃合が可能な浄水場のような施設もある。しかし、個々の家につながる水道管をなくしてしまうことは難しい。

このような状況を考慮して、「大津市公共施設マネジメント基本方針」等でも、学校や市営住宅等の建物（いわゆるハコモノ）が対象であり、道路や上下水道等の公共インフラは対象外としている。

しかし、公共インフラでも、老朽化は進んでいる。例えば、全国の水道の管路経年化率は、2016 年で約 15%。年々、耐用年数を経過した水道管が増えている（**図 3-4**）。

その結果、2040 年まで約 94%の事業体で水道料金値上げの可能性があり、その水道料金の値上げ率は全体平均で 43%とする調査結果もある[注1]。

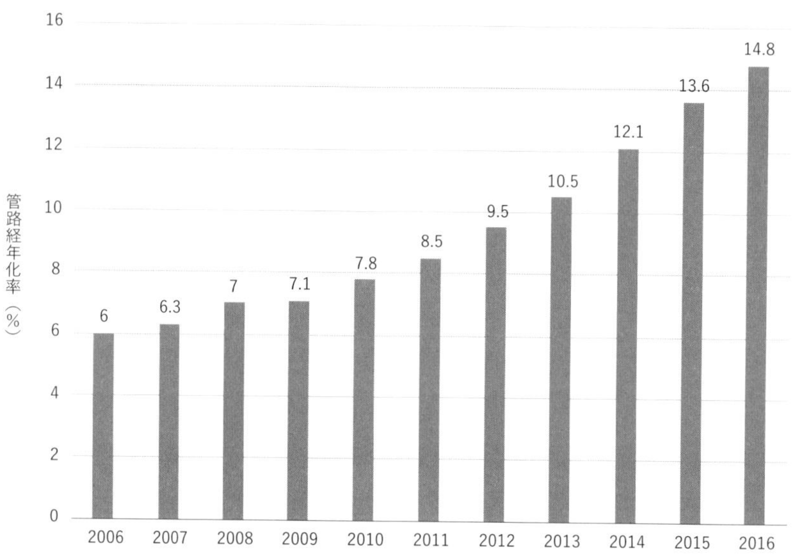


図 3-4　全国の水道の管路経年化率

（出典：厚生労働省「水道の現状」（2019 年）23 頁「管路経年化率（%）」／注：「管路経年化率」とは、法定耐用年数を超えた管路延長を管路総延長で割った値の百分率）

## 公共インフラの運用効率化とコンセッション

施設自体を減らすことが困難な場合、施設の運用コストを減らし、効率化するしかない。そのための手法として、民営化やPFI等の民間活力の導入、他の自治体と共同運用する広域化等がある。ここでは、新たな手法として、全国的にも珍しく公営だった大津市のガス事業のコンセッションについて、紹介する。

そもそも日本の多くの地域においては、ガス事業は民間事業者が担っている。そのため、公営ガス事業のコンセッションといっても汎用性がないように思われるかもしれない。しかし、このコンセッション方式は、水道、下水道等、料金徴収を行う形態の公共インフラに適用できるものである。

また、大津市のガス事業のコンセッションも、将来的には、水道等も担う総合ユーティリティー会社に進化させる可能性も含めて、検討が行われてきた。

## コンセッション導入の契機となったガスの自由化

私は、市長に就任する前から、ガス事業の民営化を目指すべきと考えていた。多くの地域で民間事業者が担っているガス事業を公営で行い続ける理由が見当たらなかったためだ。

しかし、ガス事業の実態が分からなかったことから、市長選のマニフェストでは「公営事業のあり方について民営化も含め検討」と掲げ、2012年1月に市長に就任した後に、検討を行った。その結果、ガス事業の民営化をすぐには行わないこととなった。

一番大きな理由は、ガス事業の譲渡対価がほぼ得られないことが明らかになったためだ。これは綿密なガス事業の企業価値評価に基づくというより、当時は都市ガス会社の地域独占体制にあり、現実的な問題として、入札による価格競争が期待できないことが背景にあった。市民の財産であるガス事業を正当な対価なく譲り渡すことはできず、いったん民営化は見合わせとなった。

しかし、ガスの自由化が風向きを変えた。2017 年 4 月から、ガスの小売全面自由化がスタートし、大津市内においても民間事業者がガス小売事業を行うことが可能になった。

民間事業者は、柔軟な料金の見直しやセット販売も可能であるが、公営ガスでは、料金を見直す場合、市議会の議決が必要となり、機動的な対応ができない。また、地方自治法や地方公営企業法の制約から、付帯事業が制限され、電力や通信事業とのセット販売も行えない。ガスの自由化が始まり、民間事業者が市内に参入することで、大津市の公営ガス事業の収益の悪化が予想された。

他方で、ガスの自由化により、以前はなかった複数事業者の入札の可能性が生まれた。すなわち、ガス事業を譲渡する場合の譲渡対価の価格競争が期待できるようになったのである。

そこで、再度、ガス事業の民営化を検討することになった。

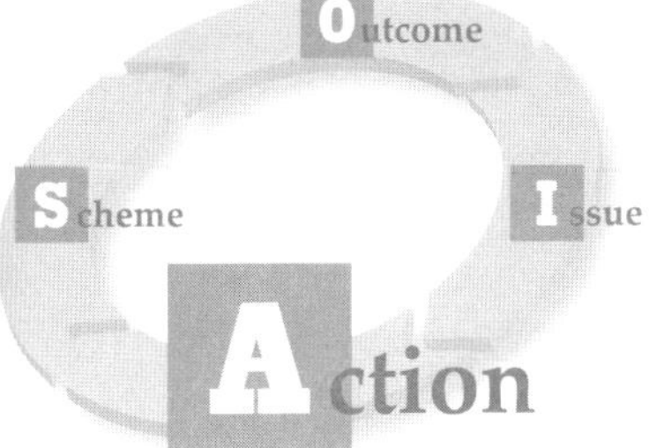


Case 3

# コンセッション方式の民営化



## コンセッションとは

コンセッションとは、図3-5記載のとおり、利用料金の徴収を行う公共施設について、施設の所有権を公共主体が有したまま、施設の運営権を民間事業者に設定する方式である。

ガス事業について言えば、大津市がガス導管等の施設を所有したまま、民間事業者がガス小売事業を行うことになる。具体的には、ガス小売事業の運営権を民間事業者に設定し、それに基づいて、民間事業者が市民に対して、ガスを提供し、料金を徴収する。一方、大津市は、民間事業者からガス運営権設定の対価を得て、今までどおり、ガス導管の維持管理を行う。

なお本書は、コンセッションの仕組みの解説よりも、実務上の進め方に主眼を置いているため、コンセッションの詳細な制度設計については、こ

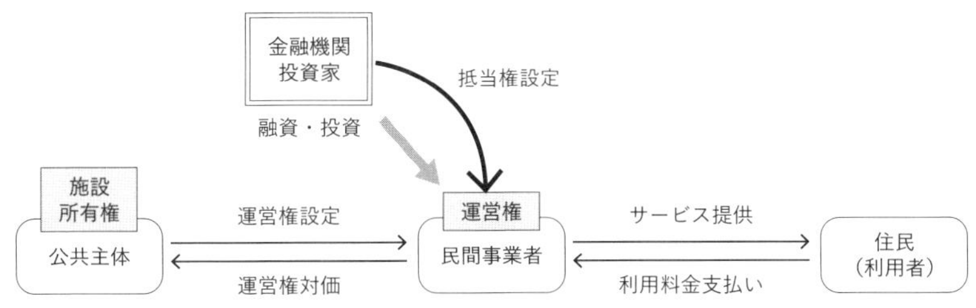


図3-5　コンセッションのイメージ図

(出典：内閣府ウェブサイト「コンセッション方式」<https://www8.cao.go.jp/pfi/concession/pdf/con_houshiki.pdf>（2021年8月17日最終閲覧))

こでは省略する。

## 大津市ガス事業の在り方検討委員会の設置

大津市ではまず、2017年4月、大学教授、公認会計士、弁護士等から構成される大津市ガス事業の在り方検討委員会（以下、「検討委員会」という）を設置した。その後、6回の検討委員会が開催され、ガス事業の将来予測と課題、スキームの比較検討が行われた。そして、同年10月、検討委員会は、「大津市ガス事業の在り方について　答申書」（以下、「答申書」という）において、コンセッションが最も望ましい事業運営形態であるとの結論を出した。

大津市は、答申書に従い、コンセッション方針を採用することを決定し、2018年4月、募集要項等を公表し、事業者を公募した。そして、2018年10月、優先交渉権者を決定し、2019年4月、ガス小売事業のコンセッションに移行した。

## 市民1人ひとりにとっての課題を具体的に示す

重要だったのが、答申書において、ガス事業の将来予測と課題が、数字で明確に示されたことである。まず、ガス自由化によって公営ガス事業がどのような影響を受けるかが示された（図3-6）。

その結果、公営継続の場合、ガスの小売全面自由化による競争環境の発生等により、2022年度より赤字に転落する恐れがあり、赤字を回避するためには、家庭用も含めた料金値上げの検討が必要になることが明らかになった。

ポイントは、市民にどのような影響があるかを具体的に明らかにすることである。本件では、「2022年度からガス料金値上げ」という影響が示さ

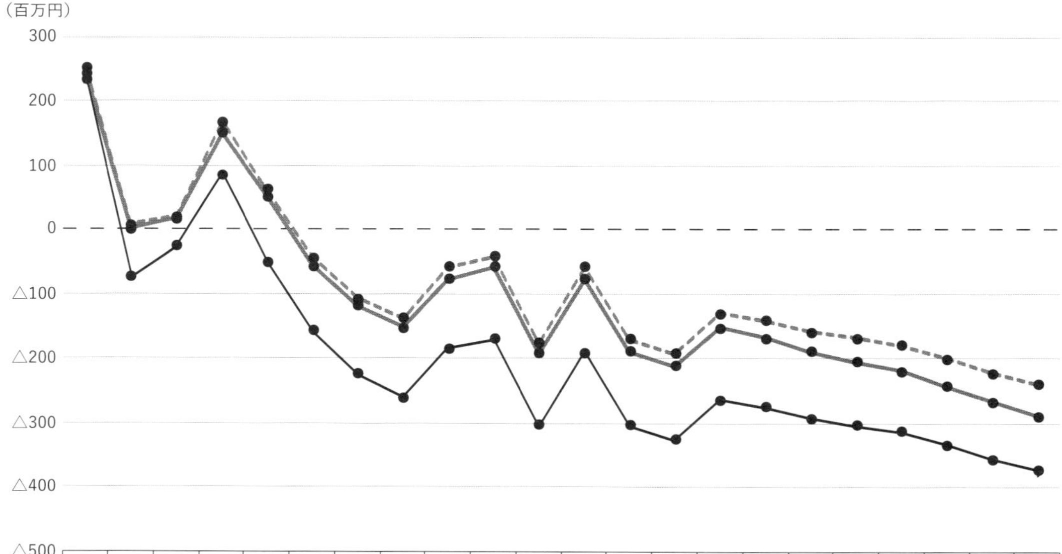

| | 2017 | 2018 | 2019 | 2020 | 2021 | 2022 | 2023 | 2024 | 2025 | 2026 | 2027 | 2028 | 2029 | 2030 | 2031 | 2032 | 2033 | 2034 | 2035 | 2036 | 2037 | 2038 | 2019-2038 損益累計 |
|---|---|---|---|---|---|---|---|---|---|---|---|---|---|---|---|---|---|---|---|---|---|---|---|
| 楽観 | 254 | 6 | 19 | 169 | 62 | △44 | △108 | △137 | △59 | △43 | △176 | △59 | △169 | △191 | △129 | △140 | △158 | △168 | △179 | △200 | △222 | △239 | △2,170 百万円 |
| 中間 | 243 | 1 | 17 | 151 | 51 | △56 | △118 | △152 | △77 | △59 | △192 | △78 | △189 | △211 | △152 | △167 | △189 | △204 | △218 | △242 | △266 | △288 | △2,640 百万円 |
| 悲観 | 234 | △76 | △26 | 86 | △51 | △157 | △223 | △259 | △184 | △170 | △305 | △190 | △302 | △325 | △263 | △274 | △292 | △303 | △312 | △333 | △355 | △371 | △4,608 百万円 |

図 3-6　公営継続による経営シミュレーション結果（出典：答申書 7 頁「図 4 公営継続における経営シミュレーション結果（各パターン）」）

れた。

自治体が行財政改革に取り組むときには、「検討委員会」を立ち上げることが多い。その目的は専門的な議論をすること等にあるが、実務上、大切なのは、改革の理由を明確に市民に示せるかどうかにある。

例えば、「ガス事業の持続可能な運営」という抽象的な言葉だけでは、市民は興味を持ってくれない。「2022年度からガス料金値上げ」という具体的な市民への影響を示すことで初めて、市民に自分事として改革の是非を考えてもらうことができる。

## スキームの比較検討

答申書では、公営方式、コンセッション方式（公共施設等運営権方式）、民営化方式の3つの手法の比較検討がなされ、その結果が、○△×の表で分かりやすく示された（図3-7）。その上で、最適な運営形態は、コンセッション方式であると結論が出された。

## コンセッションがもたらす実務上の真のメリット

答申書において、コンセッション方式のメリットは、「小売事業における機動的な料金設定や柔軟な営業施策が可能」「市の施策を反映した導管更新が可能」等とされている。つまり、市が引き続き施設の維持管理を行いながら、民営化した場合のメリットである機動的な運営もできるということである。

一般的なコンセッションのメリットとしては、内閣府のウェブサイト等でも、「公的主体が所有する公共施設等について、民間事業者による安定的で自由度の高い運営を可能とすることにより、利用者ニーズを反映した質の高いサービスを提供」ということが謳われている[注2]。

<table>
<tr><th colspan="2" rowspan="2">事業運営形態</th><th colspan="2" rowspan="2">定性的評価</th><th colspan="4">定量的評価</th></tr>
<tr><th colspan="2">市の損益・収支</th><th colspan="2">民間の参画可能性</th></tr>
<tr><td colspan="2">公営方式</td><td>△</td><td>・小売事業における機動的な料金設定や柔軟な営業施策が困難<br>・低廉な料金の維持が可能<br>・緊急保安体制の構築が困難<br>・市の施策を反映した導管更新が可能</td><td>×</td><td>・損益：2022 年以降赤字（小売は 2018 年以降）<br>・収支：2017 年以降赤字</td><td>－</td><td>－</td></tr>
<tr><td colspan="2">コンセッション方式（公共施設等運営権方式）</td><td>○</td><td>・小売事業における機動的な料金設定や柔軟な営業施策が可能<br>・料金上限の設定が可能<br>・緊急保安体制を構築しつつ、市のノウハウ継承が可能<br>・市の施策を反映した導管更新が可能</td><td>△</td><td>・損益：2027 年以降概ね赤字<br>・収支：2022 年以降概ね赤字<br>・損益・収支ともに公営継続より改善</td><td>○</td><td>・新会社は損益・収支ともに 2038 年まで黒字</td></tr>
<tr><td rowspan="2">民営化方式</td><td>ガス事業全体譲渡</td><td>△</td><td>・小売事業における機動的な料金設定や柔軟な営業施策が可能<br>・一定期間を超える料金上限の拘束が困難<br>・緊急保安体制の構築が可能<br>・市の施策を反映した導管更新はできない</td><td>×</td><td>・現状の純資産額を下回る譲渡収入しか見込めない</td><td>△</td><td>・収支が概ね継続的に赤字となる見込みであることから民間にとっての魅力は乏しい<br>・ただし、更なる収支改善ができる事業者がいれば、参画の可能性はありうる</td></tr>
<tr><td>小売事業のみ譲渡</td><td>△</td><td>・小売事業における機動的な料金設定や柔軟な営業施策が可能<br>・一定期間を超える料金上限の拘束は困難<br>・緊急保安体制の構築が困難<br>・市の施策を反映した導管更新が可能</td><td>×</td><td>・現状の売上を下回る譲渡収入しか見込めない<br>・導管事業のコスト削減にはならない</td><td>○</td><td>・収支が概ね継続的に黒字となることから民間にとっての魅力はある</td></tr>
</table>

図 3-7　事業運営形態ごとの評価（出典：答申書 12 頁「表 5 事業運営形態ごとの評価」を基に筆者作成）

ただ、民間による効率的で機動的なサービスのみを追求するのであれば、完全民営化をしてしまったほうがいい。実は、私自身も当初は、コンセッションではなく、完全民営化がよいと考えていた。わざわざ、自治体に施設を残す意味が分からなかった。

しかし、このコンセッション方式での民営化を進める過程で、コンセッション方式であるからこそ、民営化が実現できるのだと気が付いた。というのは、もし完全民営化を選択していれば、市民や利害関係者の反対が多くなり、おそらく議会で賛成が得られなかったからだ。

自治体が民営化を行う場合には、民営化の調査検討に必要な予算や公の施設の廃止等、それぞれの過程で、議会の議決が必要になる。議員の後ろには、利害関係者を含む市民がいる。市民や関係団体の反対が増えれば増えるほど、議会の賛成は得にくくなる。他自治体での水道事業の民営化等も、市民の理解や議会の賛成が得られずに、進まないことも多い。

以下、市民・利害関係者・市職員それぞれの視点を踏まえて、コンセッションのメリットを説明してみよう。

### メリット① 市民の安心感を得やすい

公営事業を民営化する場合、市民からは「民間だと利益追求で安全が確保されるのか」「もしうまくいかなくなって破綻したらどうなるのか」という不安が寄せられることがある。このような民営化に対する「漠然とした不安」は根強く、丁寧に説明しても解消されないことも多い。

この点、コンセッションであれば、市が導管等の施設を所有しており、市が引き続き施設の維持管理を行う。その上で、市は民間事業者と運営権実施契約等を締結して、民間事業者にこれだけは守ってもらいたいという条件を明確化できる。また究極的には、運営権の設定を終了することもでき、もしうまくいかなくなった場合や民間企業が契約内容を守らない場合には、公営に戻すということもできる。これらは、市民の安心感につながる。

したがって、完全民営化よりコンセッションのほうが、市民の理解が得やすい。

### メリット② 市内事業者の理解を得やすい

水道やガスの導管工事は、市内の事業者に発注していることが多い。しかし、導管事業も含めた民営化となると、事業を譲り受けた民間事業者の子会社や市外事業者に工事発注がされる可能性がある。これが、市内事業者にとっては、大きな不安となり、反対運動につながっていく。実際、大津市でも、1982年に大津市ガス事業懇話会より「民間へ移管することが望ましい」との答申がされたが、反対運動等もあり、民営化が断念されたことがある。

この点、コンセッションであれば、まず小売事業のみを民営化し、引き続き市が導管を保有するため、市内事業者からの理解も得やすくなる。



### メリット③　市職員の抵抗感を軽減しやすい

さらに公営事業の民営化には、職員からの反対も大きい。対象となる事業に携わっている職員は、民営化に伴い、民間に転籍し、公務員ではなくなるためである。たとえ、雇用条件を同等にしたとしても、公務員でなくなることへの抵抗感は強い。

しかし、コンセッションの場合は、小売事業のみを対象とするため、転籍対象となる職員の数が少なくなる。また、大津市の場合、公益的法人等への一般職の地方公務員の派遣等に関する法律に基づき、ガス事業を運営する新会社に職員派遣を行った。完全民営化による民間企業への転籍とは異なり、派遣の場合、派遣期間が終了すれば公務員に復職するため、職員の抵抗感は軽減される。大津市の条例上、職員派遣を行うためには、新会社には市の出資が4分の1以上必要となる。そこで大津市は25%の出資を行い、新会社に一定の関与をすることになった。そして、派遣に同意した職員が新会社に異動することとなり、コンセッションが可能となった。

他の自治体でも、職員や職員組合との関係で民営化が実現しないということを聞くが、コンセッションは、完全民営化に比べれば、職員の反対は少なくなる。

## 理解を得ながら取り組む段階的な民営化

まとめると、コンセッションの実務上の一番のメリットは、市民やステークホルダーの理解を得ながら、徐々に民営化できるという点にある。まずはコンセッションから始め、うまくいけば導管事業も移管し、完全民営化することもできる。

すなわち、市民がコンセッションによって民間事業者の多様なサービスや低廉な料金というメリットを享受すれば、さらなる効率化に対する市民理解が得られやすくなる。また、市内事業者や職員との関係においても、実際に民間事業者と働く中で信頼関係ができれば、よりスムーズに、完全民営化という次のステップに進むことができる。

これは、何もコンセッションに限った話ではない。例えば、コンセッションによる上下分離の形をとらずに、自治体が新しく設立した会社に事業をすべて移管し、当該会社の株式を徐々に民間事業者に売却していくスキームも考えられる。

「急がば回れ」——大津市の瀬田の唐橋を舞台にしたこの諺(ことわざ)は、早く着こうと思うなら、危険な近道より遠くても確実な方法をとったほうが、早く目的を達することができるというたとえである。

完全民営化を最初から目指して、市民や議会の反対で頓挫するよりも、市民やステークホルダーの理解を得ながら確実に進めるほうが、早いこともある。そのためのスキームの工夫が求められている。

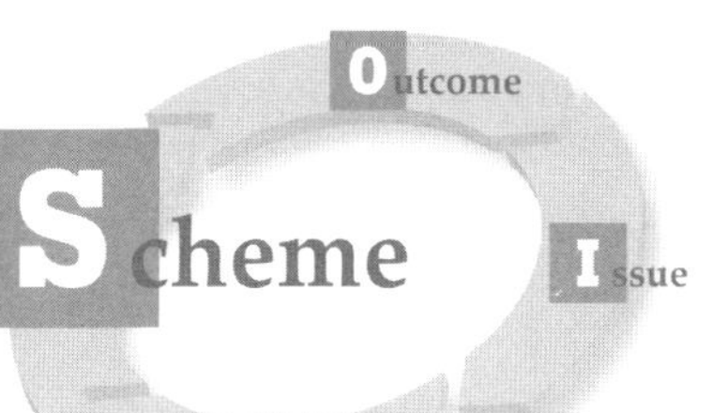


# 料金上限維持を含む運営権実施契約



## 民間事業者の公募の流れ

コンセッション方式の採用が決定すれば、次は、実際に事業を担う民間事業者を公募することになる。

公募の流れは、図 3-8 記載のとおりである。公募のために、大学教授、公認会計士、弁護士等からなる大津市ガス特定運営事業等審査委員会（以下、「審査委員会」という）を設置した。

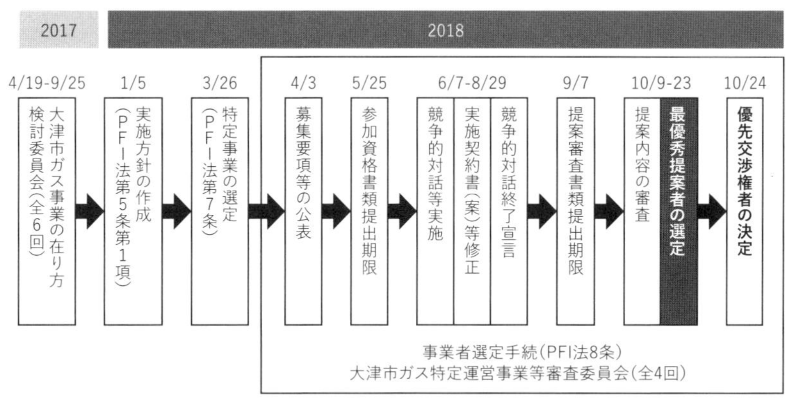


図 3-8　公募の流れ

（出典：大津市企業局「大津市ガス特定運営事業等に係る優先交渉権者の選定について」（2018 年）3 頁を基に筆者作成）

## 募集要項・契約書の作成

公募の中で重要になってくるのは、募集要項や契約書の作成である。具体的には、図 3-9 記載の書類を作成した（以下、併せて「募集要項等」という）。

| |
|---|
| ① 大津市ガス特定運営事業等公募型プロポーザル実施要領（募集要項） |
| ② 大津市ガス特定運営事業等公共施設等運営権実施契約書（案） |
| ③ 大津市ガス特定運営事業等基本協定書（案） |
| ④ 定款（案） |
| ⑤ 大津市ガス特定運営事業等株式譲渡契約書（案） |
| ⑥ 大津市ガス特定運営事業等株主間契約書（案） |
| ⑦ 大津市ガス特定運営事業等物品譲渡契約書（案） |
| ⑧ 大津市ガス特定運営事業等債権譲渡契約書（案） |
| ⑨ 大津市ガス特定運営事業等車両使用貸借契約書（案） |
| ⑩ ガス料金収受等代行業務委託契約書（案） |
| ⑪ 退職派遣に係る協定書（案） |
| ⑫ 大津市ガス特定運営事業等要求水準書（案） |
| ⑬ 大津市ガス特定運営事業等モニタリング基本計画書 |
| ⑭ 関連資料集 |
| ⑮ 大津市ガス特定運営事業等審査要領 |
| ⑯ 大津市ガス特定運営事業等企画提案書作成要領 |
| ⑰ 参考資料集 |

図 3-9　公募の必要書類
（出典：大津市企業局「大津市ガス特定運営事業等公募型プロポーザル実施要領（募集要項）」（2018 年）3 頁）

## 自治体が目的と優先順位を示すことの重要性

募集要項等の作成は、自治体が委託するコンサルタントが行うことが多い。自治体の役割は、当該自治体にとっての目的と優先順位をはっきりとコンサルタントに示すことである。私は現在、弁護士として企業の M&A を扱っているが、弁護士として、クライアントに聞きたいのは、クライアントが何のためにそのディールをするのか、そのディールから何を得ようとしているか、つまり、目的と優先順位である。

目的と優先順位の決定は､将来の事業のあり方を決定づけるものであり、首長レベルの決定が必要になる。目的と優先順位が決まれば、募集要項等の作成は、コンサルタント、公認会計士、弁護士等の専門家（以下、「アドバイザー」という）に任せることができる。

なお､以下においては、大津市のコンセッションを事例として挙げるが、コンセッションに限らず、自治体の公営事業の民営化やPFIに共通する事項である。



## 自治体公募と民間M&Aの2つの差異

自治体が公募で優先交渉権者を決定する手続きと民間企業同士のM&Aの手続きには、2つの大きな違いがある。

第一の差異は、自治体の場合は契約交渉手続きがほぼないという点である。民間企業同士のM&Aでは、そもそも入札という形式がとられないことも多い。また入札の形式であっても、優先交渉権者の決定後に、契約交渉のプロセスがある。つまり、契約交渉を重ねる中で、「ここは譲れない」「ここは譲ろう」と優先順位を決めていくことができる。

これに対して、自治体の公募は一発勝負である。優先交渉権者が決定した後、原則、募集要項等の変更はできない。大きな変更をする場合には、入札手続きのやり直しになる。したがって、あらかじめ十分な議論をした上で､「譲れないこと」「譲れること」を公募前に決定しなければならない。

第二の差異は、公募で民間事業者の提案に点数を付けるのは、自治体ではなく、自治体が設ける独立した審査委員会であるという点である。

自治体では、公募の公正性を担保するため、審査委員会を設けるのが通常である。そのため、いったん公募が始まってしまえば、あとは審査委員会が民間事業者からの提案に点数を付け、優先交渉権者を決定することになる。したがって、あらかじめ評価項目とその配点を通じて、優先順位を付けることが大変重要になる。

## 法律にない実務上重要な３つのプロセス

では、具体的にどのように進めればよいか。コンセッション等のPFIの進め方は、PFI法やガイドラインで規定されているので、それらを参照されたい。ここでは、法律では要求されていないが、実務上重要な３つのプロセスについて言及する。

### プロセス① アドバイザーとの協議

まず目的と優先順位を決めるため、募集要項等を作成する前に、自治体は、アドバイザーとの協議を行う。ここでいう「自治体」とは、担当の職員を意味するが、ポイントは、最初の重要な協議に必ず首長が出席することである。その際は、担当副市長、部長も出席する。

自治体の場合、首長までの意思決定は決裁を通じて行うのが通常である。しかし、決裁を回すときには、すでに募集要項等の内容ができあがり、決裁に添付されている。そこから首長と議論を始めたのでは、募集要項等を一からつくり直すという、職員にとってもアドバイザーにとっても無駄な事態になりかねない。したがって、募集要項等を作成する前に、協議の場を設けることが重要である。

そして、首長が出席することによって、目的と優先順位を全員でしっかりと議論し、共有することができる。弁護士の立場からしても、最初に、首長からニュアンスも含めて、その考えを聞けることは、有益である。微妙なニュアンスによって、契約条項等が異なることもあるためである。

### プロセス② 審査委員会の議論

アドバイザーとの協議の上、募集要項等の案が作成された後、第１回の審査委員会を開催し、募集要項等を審査することになる。

公募の公正性を確保するため、民間事業者から提出された提案については、審査委員会が独立して審査を行うことになる。しかし、これはすべてお任せということではない。

審査委員会が募集要項等を審査する前に、例えば第１回審査委員会等において、自治体の目的と優先順位について伝え、しっかりと議論してもらうことが重要である。



### プロセス③ 競争的対話

競争的対話とは、要求水準書等の作成（調整）および提案内容の確認・交渉を行うための対話とされる[注3]。なお、要求水準書とは、民間事業者に求めるサービスの水準を定めるものである。

競争的対話の目的や手法は、自治体や公募内容によって異なるが、大津市の場合は、公募について大津市と民間事業者の齟齬を生じさせないようにすること、提案における思い違いや誤解による要求水準未達成を防ぐこと等を目的として行った。その時期は、募集要項等の公表後、提案書類の提出前である（図3-10）。

競争的対話のメリットは、まず、民間事業者が募集要項等の書面では分からない点について、対話を通じて明らかにすることにより、民間事業者が募集要項等に沿った提案ができることである。

例えば、ゴミ処理施設や給食センターのPFI事業等、すでに募集要項等が定型化されているものについては、自治体と民間事業者との理解の齟齬が生じることは少ない。しかし、ガス事業のコンセッションのように新しいスキームを取り入れる場合には、民間事業者と丁寧に対話をし、民間事業者の疑問を解消する必要がある。

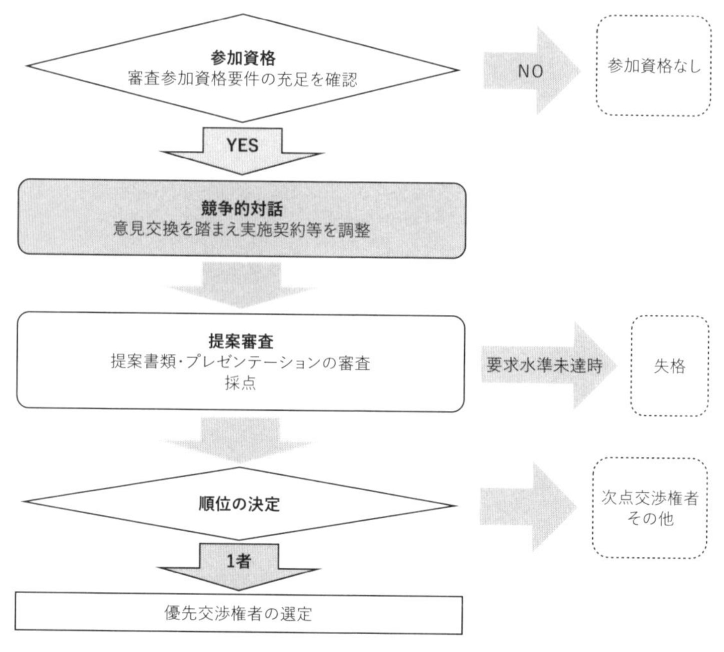


図 3-10　審査の手順と競争的対話のタイミング
（出典：大津市企業局「大津市ガス特定運営事業等審査要領」（2018 年）2 頁）

もう 1 つのメリットは、要求水準書等の調整や確認を可能にすることである。

当然、事前にマーケット・サウンディング等を行い、どういった条件であれば応募があるかを十分に検討した上で、要求水準書等を作成する。しかし、実際に様々な条件を要求水準書等に落とし込んだ場合に、不明確な内容となることもありうる。そこで、競争的対話を行い、最終的な調整の余地を残しておく。

## 募集要項等を作成するための 5 つのポイント

では具体的に、どのように募集要項等を作成するか。

アドバイザーが先進事例（ない場合には類似事例）を参考に募集要項等を作成し、自治体と協議を重ねるのが通常である。その中で、自治体にとっての目的と優先順位をどのように定め、どのように募集要項等に反映させるか。以下の５つのポイントを押さえると進めやすい。

## ポイント①　民営化の目的を明確にする

まず、大津市がコンセッションの目的として掲げたものは、図 3-11 記載のとおりである。

「本市は、本事業に関し、本市と民間事業者が共同で出資する官民連携出資会社を設立し、当該会社に公共施設等運営権を設定することにより、本市が長年にわたり蓄積してきたガス事業運営における経験等に加え、共同出資者となる民間事業者の経営手法や民間ノウハウ等を最大限活用することで、両者の相乗効果が発揮され、厳しい経営環境の中においても市民の皆様に、安全、安心で安定したガス供給を可能な限りガス料金の値上げをせずに、低廉に継続していくことを計画している」

図 3-11　大津市のコンセッションの目的
（出典：大津市企業局「大津市ガス特定運営事業等公募型プロポーザル実施要領（募集要項）」（2018 年）１頁）

つまり、ガス料金の値上げをせずに、市民に安い価格でガスを提供することが目的である。ガスの安定供給というだけでなく、「値上げをしない」と目的を具体化するほうが、募集要項等を作成しやすく、応募者にとっても市民にとっても分かりやすい。

自治体でコンセッション等の民営化を検討する場合、当然その目的があるからこそ検討しているのであるが、その目的をできる限り具体的に定めることが重要である。

### ポイント②　目的以外に重要な事項を列挙する

次に、目的以外に重要な事項を列挙する。

例えば、大津市の場合は、図3-12記載の要素が挙げられる。

| ガスの安心安全な事業継続・保安体制<br>地元企業の活用<br>派遣職員の雇用<br>水道も含めた総合サービスの提供の可能性<br>譲渡対価 |
|---|

図3-12　目的以外に重要な事項

そして、これらの重要事項の優先順位について、自治体とアドバイザーで議論する。これらは、後述する採点表に反映することになる。

### ポイント③　応募者の競争環境をつくる

前述のとおり、自治体の公募は一発勝負である。民間のM&Aのように契約交渉がない。そこで、募集要項等を自治体にとって100%有利なものにしてしまうと、誰も応募者がないという結果になりかねない。そのため、事前のマーケット・サウンディング等を通じて、民間事業者にとって重要なことは何かを自治体が把握することが大切である。

ポイントは、なるべく多くの応募者が応募できる競争環境を用意することである。1社入札になれば、自治体に不利な条件になりうる。これに対して、応募者が複数見込めれば、競争が期待でき、自治体に有利な内容となりうる。

これまで大津市でも様々な公募を行ってきたが、1社入札の場合にも、審査委員会による審査が行われるため、提案の内容に問題があるということはなかった。しかし、入札価格においては、複数の応募者がある場合と比べ、違いがあるのではないかと感じていた。

ガス事業のコンセッションを含め、自治体のインフラの民営化においては、その事業の特殊性から、そもそも受け皿となりうる民間事業者が少ない。そのような状況だからこそ、なるべく複数の事業者が応募できるように募集要項等を整えることが望ましい。

### ポイント④ 「どうしても譲れないもの」を決める

自治体の目的と優先順位、応募者の状況を確認した後、ある条件をディールブレークとするかどうかを決める。すなわち、「この条件は絶対に譲れない。この条件を満たさなければ民営化する意味がない」「この条件を満たさないのであれば、応募してもらわなくて構わない」という条件を設けるかどうかである。

前述のとおり、募集要項等の内容を自治体にとって有利にすればするほど、応募者がいなくなってしまう。このような観点から、要求水準書では必要最低限のことを定め、契約書も標準的な内容とし、幅広く応募者を募った上で、複数の提案内容を審査委員会において審査することが望ましい。

しかし、「どうしても譲れない」という自治体の目的にかかわる点については、契約書等でしっかり明記するべきである。

例えば、大津市では、料金を値上げしないことを目的としていたが、これに関して、要求水準書では、「料金の安定性、廉価性、公平性の確保に努め、料金上限の遵守に関する説明資料を作成する」とし、具体的な提案を求め、審査委員会の審査に委ねることとした。その上で、運営権実施契約書において、図 3-13 記載のとおり定めた。

> 第 33 条第 2 項
> 前項の規定により設定したガス料金は、基本料金と従量料金の合計額とし、一般ガス料金に係る基本料金及び基準単位料金の額は、供給条例第 30 条第 2 項に基づき、同条例別表第 3 に規定する額を上限として、運営権者が定める。

図 3-13　料金上限を設定する条項（出典：大津市企業局「大津市ガス特定運営事業等公共施設等運営権実施契約書」）

すなわち、事業期間である20年間、ガス料金は条例で定める額が上限であることを明記し、契約上、料金値上げをできない仕組みとした。これは、応募を検討している民間事業者に対して、「料金を値上げするのであれば、応募しなくていいですよ」というメッセージを送ることになる。

これに対して、応募する民間事業者としては、料金値上げをしない代わりに、入札価格を下げるという対応が可能である。大津市の側から見ると、市が高い入札価格を得ることよりも、市民のガス料金の値上げをしないことを優先したことを意味する。

これが、自治体の目的と優先順位を契約書に落とし込んでいく作業である。

### ポイント⑤　みんなで採点表を議論する

最後に審査委員会の審査において重要となるのが、審査の評価項目の評価と配点である。大津市の評価項目の評価と配点（以下、「配点表」という）は、図3-14記載のとおりである。

この配点表が入札結果に非常に大きな影響を及ぼす。どの項目に対する配点を大きくするかが、自治体の優先順位を端的に示すものである。法律や会計の知識も要求されず、とても分かりやすいことが特徴だ。この配点表を用いて、首長や職員がアドバイザーと議論することは、自治体の優先順位の整理に役に立つ。もちろん、審査委員会にとっても肝であり、審査委員会でも重点的に議論され、配点が決定される。

| 項目 | | 具体的な項目 | 評価の視点 | 配点 |
|---|---|---|---|---|
| I | 全体方針 | | | 70 |
| 1 | 全体事業計画 | • 本事業等の目的、背景への理解<br>• 基本運営方針への理解<br>• 本事業への基本的な取組方針 | • 本事業等の目的、背景及び基本運営方針が適切に理解されているか<br>• 本事業等をより適切に実施するための民間ならではの創意工夫や独創性などが具体的に示されており、効果的と認められるか<br>• 附帯事業の事務所に関し、適切な提案があるか | 10 |
| 2 | 業務体制等 | • 新会社の出資構成等<br>▶出資者ごとの出資構成、役割分担<br>▶新会社の意思決定方法<br>• 業務実施体制<br>▶新会社の組織図及び業務分掌<br>▶新会社の人員構成 | • 新会社の意思決定のプロセスが明確に示されており、ガバナンスの確保と意思決定の迅速化に配慮したものとなっているか<br>• 本事業等の推進に資する組織体制・人員構成であるか | 20 |
| | | • モニタリングについて（セルフモニタリング実施方法等） | • 本事業等の推進に資するセルフモニタリング計画となっているか | |
| | | • 本市からの派遣人員についての考え方<br>• 導管事業の中立性確保の観点からの導管業務と小売業務の情報分離体制・方法等 | • 本市からの派遣人員等に対する人事制度は適切な提案となっているか<br>• 関係法令等に即した情報分離体制・方法等となっているか | |
| | | • 業務引き継ぎについての考え方 | • 事業開始時の円滑な業務引き継ぎ方法が提案されているか | |
| 3 | 地域貢献 | • 地元企業の活用<br>• 既存出資会社との連携 | • 具体的かつ効果的な活用、連携方法についての提案となっているか | 20 |
| | | • 地域雇用の維持、拡大についての考え方 | • 地域雇用の維持、拡大についての考え方が地域経済の活性化に資するものであるか | |
| | | • 地域経済・社会への貢献 | • 地域経済・社会の発展に資する配慮がなされているか | |
| 4 | 収支計画の妥当性 | • 全体収支計画書（販売量、損益計算書、キャッシュ・フロー計算書、貸借対照表）<br>• 資金調達の確実性 | • 現実的かつ合理的な計画となっているか<br>• 他の提案項目と整合する計画となっているか<br>• 株式譲渡対価のための資金調達の確実性があるか | 20 |
| | | • 附帯業務に係る収支計画 | • 附帯業務に係る 20 年間の収支計画は現実的かつ合理的な計画となっているか | |
| | | • 事業リスク管理<br>▶想定されるリスク<br>▶リスク事象を顕在化させないためのリスク管理策<br>▶リスク事象発生時の対応策 | • リスク顕在時の事業継続措置施策が具体的かつ効果的な提案となっているか | |

図 3-14　評価項目と評価の視点及び配点
（出典：大津市企業局「大津市ガス特定運営事業等審査要領」（2018 年）6 ～ 8 頁「別表 1 評価項目と評価の視点及び配点」）

| 項目 | | 具体的な項目 | 評価の視点 | 配点 |
|---|---|---|---|---|
| II　事業実施 | | | | 100 |
| 1 | 小売業務 | •　料金施策<br>▶料金水準・料金メニュー<br>•商品設計（料金施策を除き、任意事業として行う事業も含む） | •事業期間にわたる料金施策の考え方が適切であるか<br>•料金メニュー以外の商品設計が具体的かつ効果的な提案となっているか<br>•民間ならではの創意工夫や独創性がみられ、具体的かつ効果的な提案となっているか | 30 |
| | | •　営業施策<br>▶他エネルギーとの競合、他社との競合<br>▶新規需要開拓 | •民間ならではの創意工夫や独創性がみられ、具体的かつ効果的な提案となっているか | 10 |
| | | •都市ガスの調達計画<br>•需要家保安に関する業務体制、実施方法 | •安全で安定したガスの調達計画となっているか<br>•安心・安全なガス事業に資する業務体制、実施方法であるか | 10 |
| | | •コンプライアンス管理体制<br>•苦情受付方法<br>•営業拠点の考え方 | •ガス事業法等関係法令を遵守し、適切な営業体制、苦情受付体制であるか | 10 |
| 2 | 附帯業務 | •導管業務の業務体制、実施方法<br>▶本市からの技術継承<br>▶緊急保安・修繕・点検等の業務体制 | •本市からの技術承継にあたり具体的な効果的な引き継ぎ体制、方法となっているか<br>•安心・安全なガス事業に資する業務体制、実施方法であるか | 25 |
| | | • LPガス業務の業務体制、実施方法<br>▶本市からの技術継承<br>▶緊急保安・修繕等の業務体制 | •本市からの技術承継にあたり具体的な効果的な引き継ぎ体制、方法となっているか<br>•安心・安全なLPガス事業に資する業務体制、実施方法であるか | 5 |
| | | •水道業務の業務体制、実施方法<br>▶本市からの技術継承<br>▶漏水等緊急対応・修繕・点検等の業務 体制 | •本市からの技術承継にあたり具体的な効果的な引き継ぎ体制、方法となっているか<br>•安心・安全な水道事業に資する業務体制、実施方法であるか | 10 |
| III　株式譲渡対価 | | | | 30 |
| 合計 | | | | 200 |

図 3-14 （続き）

Case 3

# 持続可能なインフラ維持と市民サービスの向上



## 優先交渉権者の決定

大津市のガス事業のコンセッションについて、前節のような手続きを経て、公募を行った結果、2社からの応募があった。これを審査委員会が審査し、2018年10月、「大津市ガス特定運営事業等に係る最優秀提案者の選定について（答申）」が出された。この答申に従い、大津市が優先交渉権者を決定した。

優先交渉権者は、大阪瓦斯株式会社（以下、「大阪ガス」という）を代表企業とし、JFEエンジニアリング株式会社および水道機工株式会社を構成員とするコンソーシアム（以下、「大阪ガスコンソーシアム」という）となった。

## 優先交渉権者の決定からクロージングまでの流れ

優先交渉権者が決定すれば、契約書を締結し、事業の引継ぎを行い、クロージングを迎えることになる。優先事業者が決定してから、クロージングまでの流れは、図3-15記載のとおりである。

この間ですべきことは、まず自治体と優先交渉権者の間で事業の引継ぎを行うことである。市民、市内の関係事業者、職員に対しても、丁寧に説明を行うことが重要である。

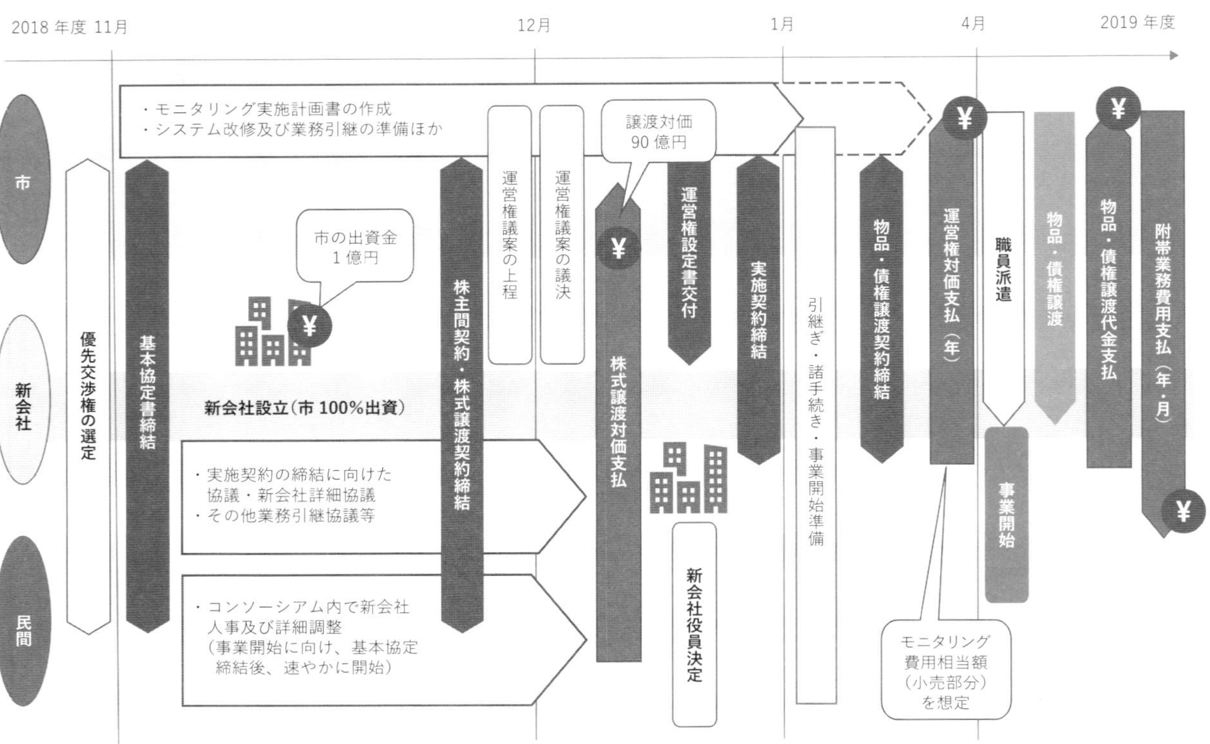


図 3-15　優先交渉権者の決定からクロージングまでの流れ（出典：大津市企業局「大津市ガス特定運営事業等に係る優先交渉権者の選定について」（2018 年）15 頁）

## 記者会見を通した市民への説明

私は首長として、節目ごとに、記者会見を行い、市民に情報を伝えることを心掛けた。公募によっては、単にプレスリリースを出し、記者会見を行わない場合もあるが、私は、コンセッションというスキーム自体が複雑なものであるからこそ、分かりやすく市民に説明する必要があると考えていた。

まず、2018年10月、優先交渉権者が大阪ガスコンソーシアムに決定したことについて、公営企業管理者とともに記者会見を行った。記者会見では、特に、何のためにコンセッションを行うのか、市民にどんなメリットがあるのかということを丁寧に説明することを心掛けた。

ガス事業のコンセッションは、日本初の取り組みということで、新聞等でも大きく取り上げられた。

さらに、同年12月、優先交渉権者とともに改めて記者会見を行った。この際には、優先交渉権者から事業方針の説明がなされ、「びわ湖ブルーエナジー株式会社」という新会社の名称も発表された。

## 市民説明会・広報誌・YouTubeでの発信

市民に情報をしっかり伝えるために、大津市企業局ではコンセッションの検討を始めたときから市民説明会を重ねた。また、広報誌やYouTubeを通じての説明を行った（図3-16）。

ガス事業のコンセッションは、大津市で行った他の行財政改革に比べ、反対の意見は少なかった。その背景には、ガス料金の値上げにはつながらず、また完全民営化ではなく、コンセッションの形式をとったことがあった。そのことを理解してもらうための大津市企業局による様々な形での丁寧な説明が奏功した結果だと思われる。

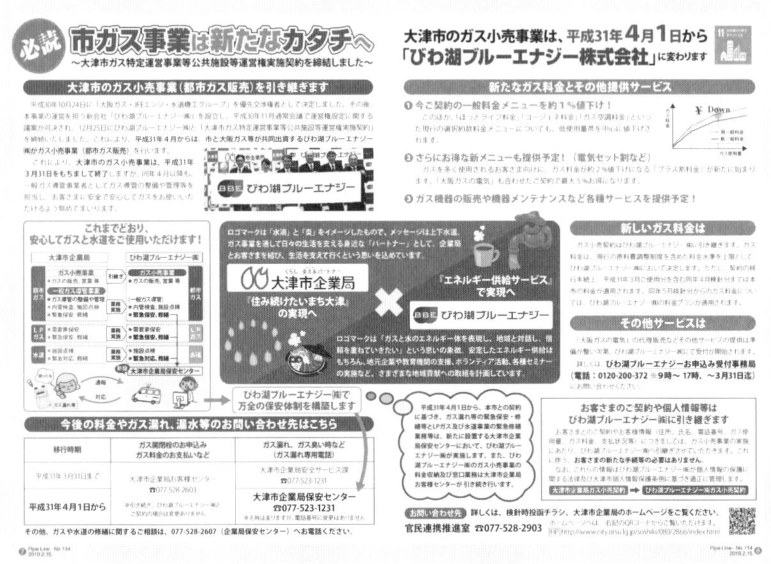

必読 市ガス事業は新たなカタチへ

～大津市ガス特定運営事業等公共施設等運営権実施契約を締結しました～

大津市のガス小売事業(都市ガス販売)を引き継ぎます

平成30年10月24日に「大阪ガス・JFEエンジ・水道機工グループ」を優先交渉権者として決定しました。その後、本事業の運営を担う新会社「びわ湖ブルーエナジー㈱」を設立し、平成30年11月通常会議で運営権設定に関する議案が可決され、12月25日にびわ湖ブルーエナジー㈱と「大津市ガス特定運営事業等公共施設等運営権実施契約」を締結いたしました。これにより、平成31年4月からは、市と大阪ガス等が共同出資するびわ湖ブルーエナジー㈱がガス小売事業(都市ガス販売)を行います。

これにより、大津市のガス小売事業は、平成31年3月31日をもちまして終了しますが、同年4月以降も、一般ガス導管事業者としてガス導管の整備や管理等を担当し、お客さまに安全で安心してガスをお使いいただけるよう努めてまいります。



これまでどおり、
安心してガスと水道をご使用いただけます!



びわ湖ブルーエナジー㈱で
万全の保安体制を構築します

ロゴマークは「水滴」と「炎」をイメージしたもので、メッセージは上下水道、ガス事業を通して日々の生活を支える身近な「パートナー」として、企業局とお客さまを結び、生活を支えて行くという思いを込めています。



『住み続けたいまち大津』
の実現へ

『エネルギー供給サービス』
で実現へ



ロゴマークは「ガスと水のエネルギー体を表現し、地域と対話し、信頼を重ねていきたい」という思いの象徴。安定したエネルギー供給はもちろん、地元企業や教育機関の支援、ボランティア活動、各種セミナーの実施など、さまざまな地域貢献への取組を計画しています。

平成31年4月1日から、本市との契約に基づき、ガス漏れ等の緊急保安・修繕等とLPガス及び水道事業の緊急修繕業務等は、新たに設置する大津市企業局保安センターにおいて、びわ湖ブルーエナジー㈱が実施します。また、びわ湖ブルーエナジー㈱のガス小売事業の料金収納及び窓口業務は大津市企業局お客様センターが引き続き行います。

今後の料金やガス漏れ、漏水等のお問い合わせ先はこちら

| 移行時期 | ガス開閉栓のお申込み<br>ガス料金のお支払いなど | ガス漏れ、ガス臭い時など<br>(ガス漏れ専用電話) |
|---|---|---|
| 平成31年3月31日まで | 大津市企業局お客様センター<br>☎077-528-2603<br>※引き続き、びわ湖ブルーエナジー㈱とご契約の場合は変更ありません。 | 大津市企業局安全サービス課<br>☎077-523-1231 |
| 平成31年4月1日から | | 大津市企業局保安センター<br>☎077-523-1231<br>※名称は変りますが、電話番号に変更はありません。 |

その他、ガスや水道の修繕に関するご相談は、077-528-2607(企業局保安センター)へお電話ください。

Pipe Line・No 114
2019.2.15

大津市のガス小売事業は、平成31年4月1日から
「びわ湖ブルーエナジー株式会社」に変わります

新たなガス料金とその他提供サービス

❶ 今ご契約の一般料金メニューを約1%値下げ!

このほか、「ほっとライフ料金」「コージェネ料金」「ガス空調料金」といった現行の選択約款料金メニューについても、低使用量帯を中心に値下げされます。



❷ さらにお得な新メニューも提供予定!(電気セット割など)

ガスを多く使用されるお客さま向けに、ガス料金が約2%値下げになる「プラス割料金」が新たに始まります。「大阪ガスの電気」も合わせたご契約で最大5%お得になります。

❸ ガス機器の販売や機器メンテナンスなど各種サービスを提供予定!

新しいガス料金は

ガス小売契約はびわ湖ブルーエナジー㈱に引き継ぎます。ガス料金は、現行の原料費調整制度を含めた料金水準を上限として、びわ湖ブルーエナジー㈱において決定します。ただし、契約の移行手続上、平成31年3月ご使用分を含む同年4月検針分までは本市の料金が適用されます。同年5月検針分からのガス料金については、びわ湖ブルーエナジー㈱の料金プランが適用されます。

その他サービスは

「大阪ガスの電気」の代理販売などその他サービスの提供は準備が整い次第、びわ湖ブルーエナジー㈱にて受付が開始されます。

詳しくは、びわ湖ブルーエナジーお申込み受付事務局(電話:0120-200-372 ※9時～17時、～3月31日迄)にお問い合わせください。

お客さまのご契約や個人情報等は
びわ湖ブルーエナジー㈱に引き継ぎます

お客さまとのご契約やお客様情報(住所、氏名、電話番号、ガス使用量、ガス料金、支払状況等)につきましては、ガス小売事業の実施にあたり、びわ湖ブルーエナジー㈱へ引継ぎさせていただきます。これに伴う、お客さまの新たな手続等の必要はありません。

なお、これらの情報はびわ湖ブルーエナジー㈱が個人情報の保護に関する法律及び大津市個人情報保護条例に基づき適正に管理します。

大津市企業局ガス小売契約 ➡ びわ湖ブルーエナジー㈱ガス小売契約

お問い合わせ先 詳しくは、検針時投函チラシ、大津市企業局のホームページをご覧ください。

官民連携推進室 ☎077-528-2903

ホームページへは、右記のQRコードからご覧いただけます。
[HP]http://www.city.otsu.lg.jp/soshiki/080/2866/index.html

Pipe Line・No 114
2019.2.15

図 3-16　広報誌の紙面（出典：大津市企業局広報誌「パイプライン」第 114 号（2019 年）6 ～ 7 頁）

## 優先交渉権者による提案のポイント

では、優先交渉権者の提案はどのような内容であったのか。

重要な事項についての提案および審査委員会の評価は、以下のとおりである。

① 大津市が最も重視していたガス料金については、家庭用ガス料金における現行料金メニューからの値下げ、および民間ならではの創意工夫がみられる新料金メニューが評価された。

② 業務体制については、優先交渉権者はガス事業者であったことから、業務実施体制の確実性が評価され、それに加え、市からの派遣職員に対する待遇維持という点も評価された。

③ 地域貢献については、地元企業への業務の委託継続、地域での採用活

動や地元人材の優先採用等が評価された。

④　譲渡対価は90億円とされた。

大津市から見れば、ガス料金を値上げしないという目的が達成され、さらに値下げも可能になった。そして、以前は競争環境がなく価格がつかない可能性があった譲渡対価についても、その後のガス自由化により競争環境が生まれ、想定以上の譲渡対価が得られることとなった。

90億円の譲渡対価のうち約30億円は、道路の補修をはじめ幅広く市民が受益できる事業費に充てた。そして残り約60億円は、2020年1月から開始した中学校給食の運営費として活用するため、基金への積み立てを行った。それまで大津市では、小学校で学校給食を実施していたが、働きながら子育てをしている市民から中学校給食実施の要望が寄せられていたため、全中学校での給食を開始した。中学校給食の実施に必要な財源確保が問題となっていたところ、ガスの大口利用者となる給食センターの運営費に、ガス小売事業の譲渡対価を充てることができたのである。

このような結果が得られたのは、ガス自由化後というタイミングを捉えたことに加え、スキームや募集要項等に大津市の意向をしっかり反映できたからだった。スキームの組み方や募集要項等の作成は、単なる事務作業ではなく、市民の利益を最大化するための大変重要で創造的な取り組みである。



## 新会社での事業開始

2019年4月、新しく誕生したびわ湖ブルーエナジー株式会社にガス小売事業等が移管され、コンセッションが始まった。引継ぎ期間は短かったが、大津市企業局と大阪ガスで協議調整が重ねられ、スムーズに業務が開始され、順調なスタートを切った。

## 持続可能なインフラ維持のために今すべきこと

公共インフラの老朽化は待ったなしである。インフラ施設は老朽化する一方、それを使う人口は減少していく。しかし他の公共施設のように、公共インフラはなくしてしまうことができない。このまま放置すれば、施設の老朽化が進むとともに、いずれは市民に対して料金値上げという負担を負わせることになる。だからこそ、持続可能な公共インフラを維持するためには、新しい手法での効率化が求められる。

ここで紹介した大津市のコンセッションは、その1つの事例である。コンセッションは、ガスだけでなく、水道、下水道等、料金を徴収する公共インフラに応用できる。そして、直ちに完全民営化を実行するにはハードルが高い場合に、ファーストステップとして行うことが可能な効率化の手法である。このコンセッション以外にも、完全民営化、PFI、広域化等、様々な手法が考えられる。

重要なのは、その地域に合った手法で、できる限り早く検討を始め、実現可能な方法でやり切ることである。大津市のコンセッションは、時期を見極め、スキームに工夫を凝らすことで、実現できた。

自治体の公共インフラの民営化やコンセッションは、まだ事例の少ない分野である。だからこそ、自治体の創意工夫が求められる。市民のインフラを維持するために、今こそ危機感を持って、一歩を踏み出すべきである。

注

注1：EY新日本有限責任監査法人・水の安全保障戦略機構事務局「人口減少時代の水道料金はどうなるのか？（2021年版）」（2021年）4頁。

注2：内閣府ウェブサイト「コンセッション方式」<https://www8.cao.go.jp/pfi/concession/pdf/con_houshiki.pdf>（2021年8月17日最終閲覧）。

注3：内閣府「PFI事業実施プロセスに関するガイドライン」（2021年改正）5頁。

# Case 4

# ニーズを汲み取った規制緩和を実行する

――琵琶湖沿いの企業保養所の転用促進

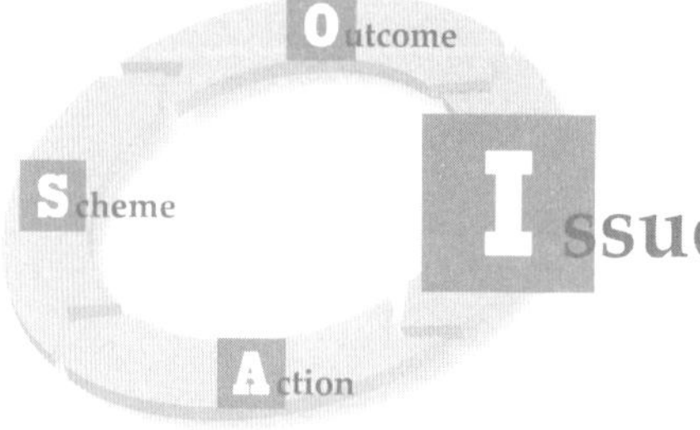


Case 4

# 空き保養所の増加と市街化調整区域という制約

## 大津市北部における観光の状況
### ——増加する日帰り客と少ない観光消費

大津市北部（図 4-1）の琵琶湖には、近江舞子をはじめとする風光明媚な湖水浴場が点在し、ウェイクボードや水上バイク等のアクティビティも行わ

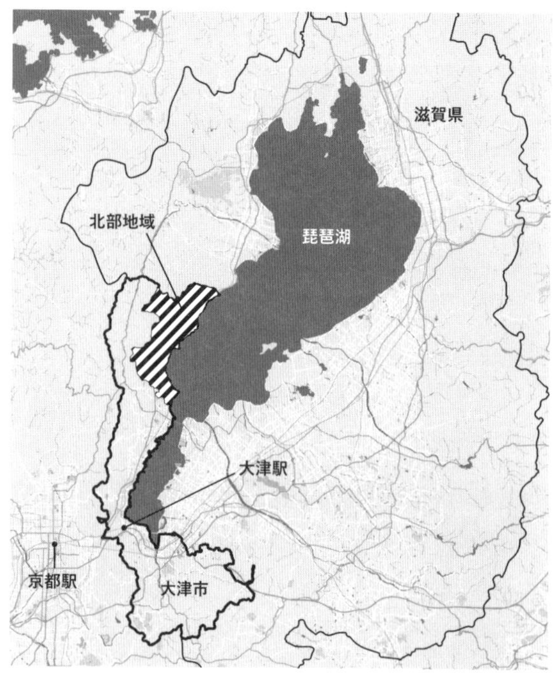


図 4-1　大津市北部の位置図
（背景図は ©Google）

図 4-2　大津市北部の琵琶湖岸に広がる風景
（撮影：稲場啓太）

図 4-3　びわ湖バレイにできたびわ湖テラス
（© Alpina BI Co., Ltd. All Rights Reserved.）



れている（**図 4-2**）。琵琶湖の西側には、近江八景の「比良の暮雪」で知られる比良山がそびえ立ち、登山やスキーで多くの人が訪れる。2016 年、スキー場のびわ湖バレイに琵琶湖を望む「びわ湖テラス」ができ、季節を問わず賑わっている（**図 4-3**）。

大津市北部の観光客の動向を調べたところ、2014 年度から日帰り観光客数が年々増加していた（**図 4-4**）。また、来訪者満足度調査によると、びわ湖テラスをはじめとする大津市北部の観光地には、20 代から 30 代の若い世代の来訪者が多いことが分かった。

一方、大津市全体で見た場合、全国平均に比べ、観光消費金額が少ない（**図 4-5**）。このような傾向は北部地域も同様と考えられ、その要因としては、近くに宿泊施設やカフェ等の立ち寄れる場所が少ないことが考えられた。

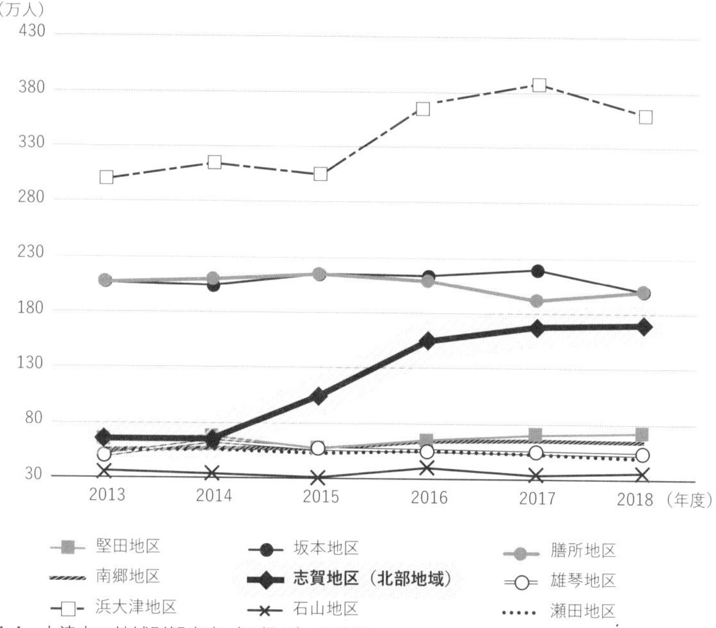


図 4-4　大津市の地域別観光客（日帰り）の推移

（出典：大津市「大津市北部保養所を活用した北部地域活性化構想」（2019 年）5 頁に引用の滋賀県観光入込客統計調査（注：2018 年度については速報値））

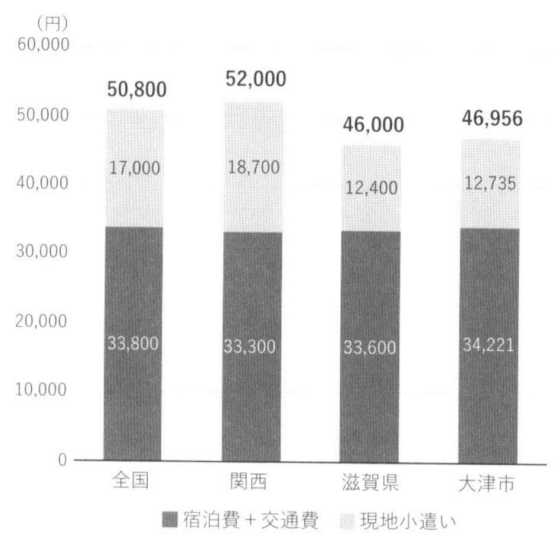


図 4-5　宿泊客 1 人当たりの観光消費額

（出典：大津市「大津市北部保養所を活用した北部地域活性化構想」（2019 年）7 頁）

## 全国的な空き保養所の増加

大津市北部には、琵琶湖と比良山に囲まれた風景の美しさに加え、京都

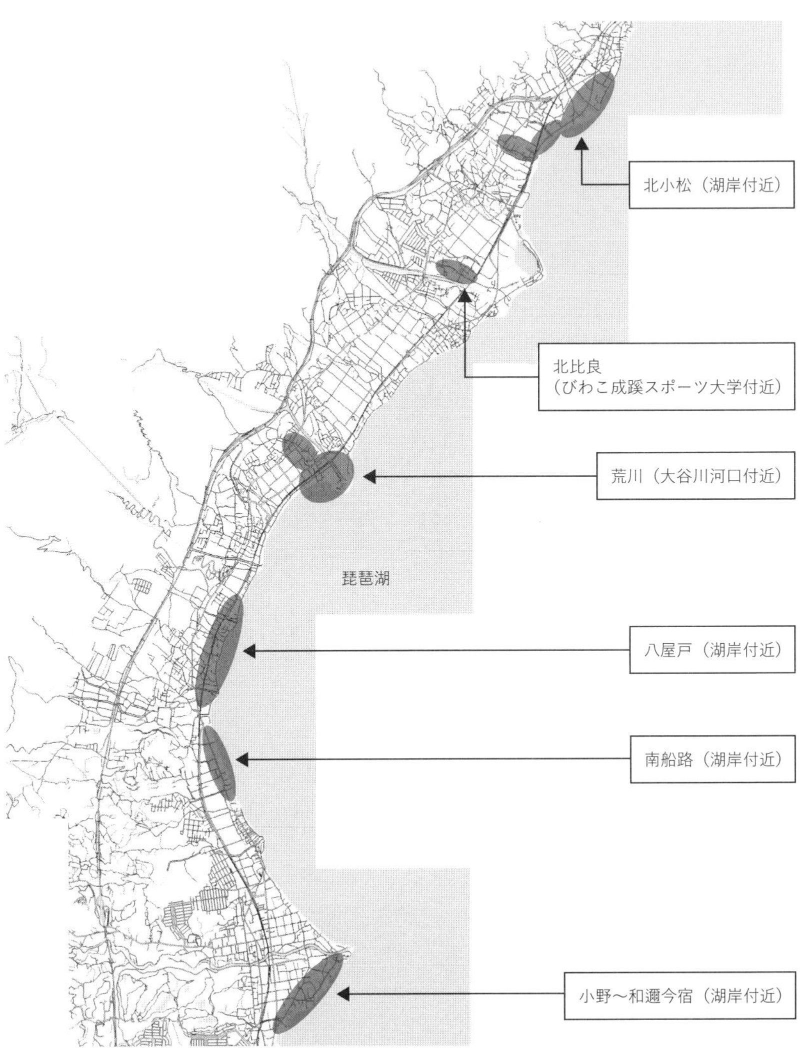


図 4-6　北部地域における保養所の主な存在エリア
（出典：大津市「大津市空家等対策計画　参考資料」（2018 年）18 頁）

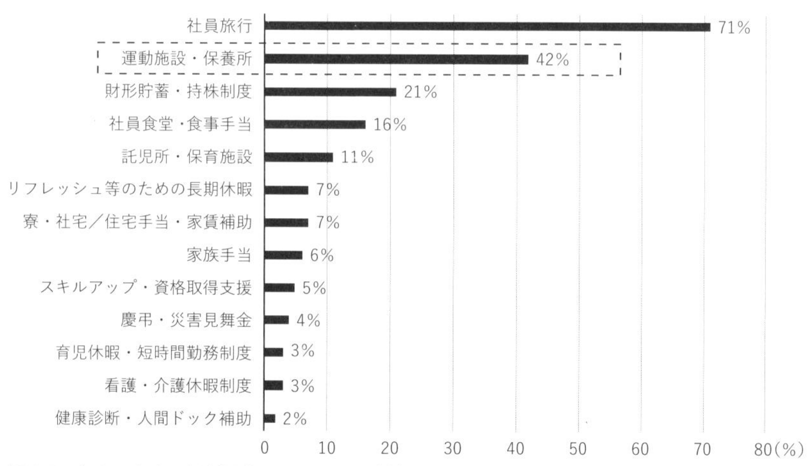


図 4-7　なくてもよい福利厚生アンケート調査結果
（出典：大津市「大津市北部保養所を活用した北部地域活性化構想」（2019 年）9 頁に引用のエン・ジャパン「女性の職場環境調査」（2014 年）を基に筆者作成）

駅から近江舞子駅までJR湖西線の新快速で約30分という立地のよさから、企業の保養所が点在していた（**図 4-6**）。

保養所は、企業の研修や社員の休暇のための福利厚生施設として、主として1955年から1973年頃にかけての高度経済成長期に、全国各地に整備されてきた[注1]。しかし近年、福利厚生に対する社員ニーズが変化し、「なくてもよい福利厚生アンケート」調査結果によれば、保養所は2位である（**図 4-7**）。加えて、施設の老朽化による維持管理経費の負担もあり、空き保養所が増加している。

## 市街化調整区域の規制による用途変更の制約

大津市でも、企業の保養所に対するニーズが減少し、空き保養所が増加していた。これに対して地域の住民からは、保養所が空き家になって荒廃することによる住環境や防犯への懸念が示された。

一方、北部地域では、観光客が増加傾向にあるものの、観光の拠点となる宿泊施設やカフェが不足していたことから、保養所を観光施設に転用すればいいのではないかと考えた。

しかし、問題となったのが、市街化調整区域の規制である。保養所のうち162件は、市街化調整区域内に立地していた。市街化調整区域とは、「市街化を抑制すべき区域」である（都市計画法7条3項）。すなわち区域内で開発行為は原則として行えない。保養所についても、原則として用途変更ができないため、宿泊施設やカフェに転用できないという壁があった。

そこで、市街化調整区域の保養所について規制緩和ができないかについて、検討を始めた。

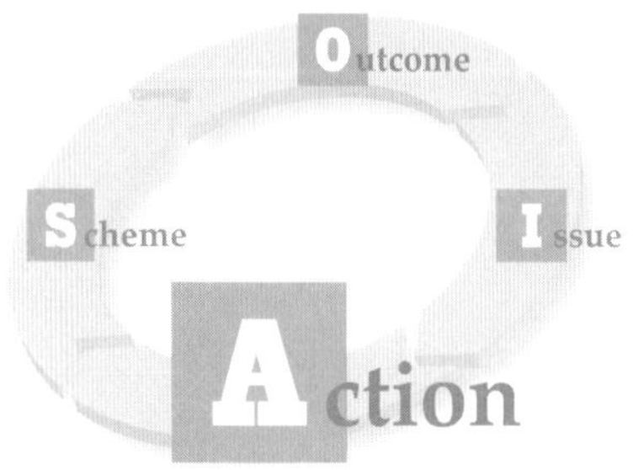




# 規制緩和のためのニーズ調査

## 実態とニーズを把握する調査の必要性

規制緩和を検討する際に重要なことは、事前に実態とニーズを把握し、ニーズを汲み取った制度設計を行うことである。制度の利用者のニーズに合致していなければ、規制緩和を行ったとしても、新しい制度が利用されないことになってしまう。

そこで、大津市では図 4-8 記載の調査を行った。以下、具体的に説明していこう。

| | |
|---|---|
| ① | 空き保養所の数や状態等の実態 |
| ② | 空き保養所の所有者が当該物件を提供する意向があるか |
| ③ | 民間事業者が空き保養所を活用するニーズがあるか |

図 4-8　規制緩和に際して実施した調査

## 保養所の実態調査

市街化調整区域の規制緩和を検討するにあたり、まず行ったことは、保養所の実態調査である。

大津市では、市全体の空き家の調査に合わせ、2017 年度に「大津市北部地域における空家等実態調査」を行った（**図 4-9**）。

市街化調整区域内にある162件の保養所について、水道の閉栓情報を基に調査を行い、空き保養所でない（使用されていると判断された）物件が96件（59%）、空き保養所が36件（22%）、不明であった物件が30件（約19%）であることが判明した。空き保養所と不明の物件を合わせると、約4割が有効活用されていなかった（**図4-10**）。

また、空き保養所36件のうち、そのまま使えそうな物件は11件、修繕・

| 項目＼敷地面積 | | | 500m² 以下 | 500m² 超 1,000m² 以下 | 1,000m² 超 2,000m² 以下 | 2,000m² 超 5,000m² 以下 | 5,000m² 超 | 合計 |
|---|---|---|---|---|---|---|---|---|
| 調査対象物件数 | | | 49 | 36 | 36 | 30 | 11 | 162 |
| 実態調査結果 | 空き保養所と判断 | | 9 | 11 | 9 | 5 | 2 | 36 |
| | | そのまま使える | 5 | 2 | 2 | 2 | 0 | 11 |
| | | 修繕・手入れすれば使える | 4 | 5 | 6 | 3 | 0 | 18 |
| | | 使えない | 0 | 4 | 1 | 0 | 2 | 7 |
| | | （特定空家となる可能性あり） | (0) | (3) | (1) | (0) | (2) | (6) |
| | 空き保養所ではないと判断される | | 28 | 19 | 24 | 19 | 6 | 96 |
| | 不明 | | 12 | 6 | 3 | 6 | 3 | 30 |

図4-9　空き保養所調査結果の詳細（出典：大津市「大津市空家等対策計画」（2018年）17頁）

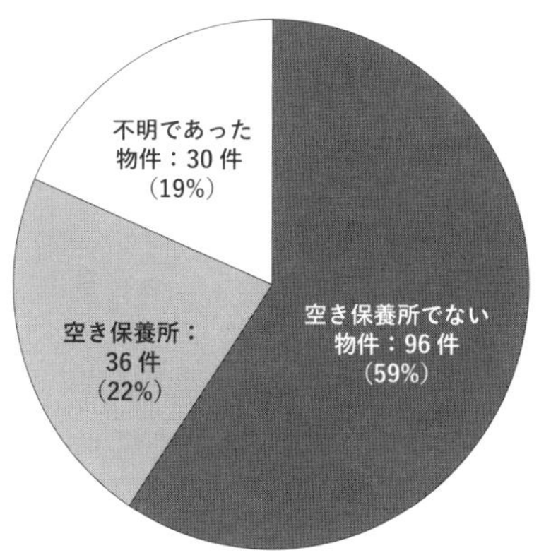


図4-10　空き保養所の割合
（出典：大津市「大津市空家等対策計画」（2018年）17頁を基に筆者作成）

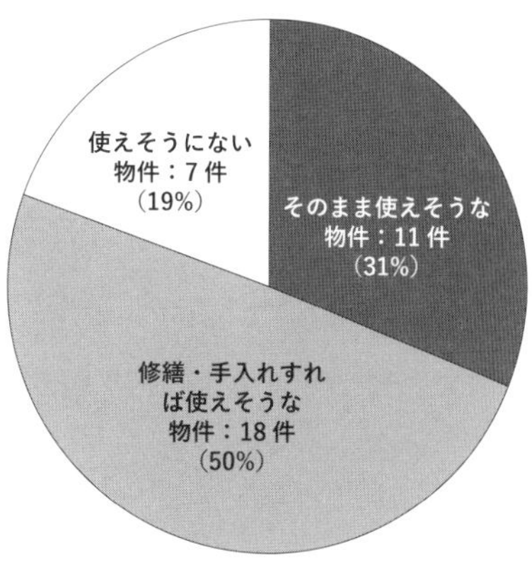


図4-11　空き保養所の建物の状況
（出典：大津市「大津市空家等対策計画」（2018年）17頁を基に筆者作成）

手入れすれば使えそうな物件は18件、使えそうにない物件は7件だった（図4-11）。したがって、多数の保養所の建物は、利活用できそうであることが分かった。

## 所有者へのアンケート調査

空き保養所と判断した物件のうち20件について、所有者に対するアンケート調査を行ったところ、約半数の11件について活用の意向があった。すなわち、規制緩和を行った場合に、空き保養所を提供してくれる所有者がいることが明らかになった。

## 事業者へのアンケート調査

次に、事業者が保養所を活用したいというニーズがあるかどうかの調査を行った。方法としては、アンケート調査とヒアリング調査の2段階で事業者の意向を探った（図4-12）。

まずは不動産、宿泊、飲食、水辺アクティビティ、その他の観光事業者42社に対して、「空き保養所活用に興味関心があるか」という簡単なアンケート調査票を郵送した。そのうち、19社から回答があり、空き保養所活用に興味関心のある事業者が11社であった。

次に、そのうち8社に対して、対面ヒアリングを行い、空き保養所の活用意向や要件等を具体的に聞き取った（図4-13）。

その結果、宿泊施設の関心が高いこと、レイクサイドの立地が魅力であることが分かった。

このように、事前に調査を行い、所有者および事業者のニーズがあることを把握した上で、規制緩和に踏み出すことにした。

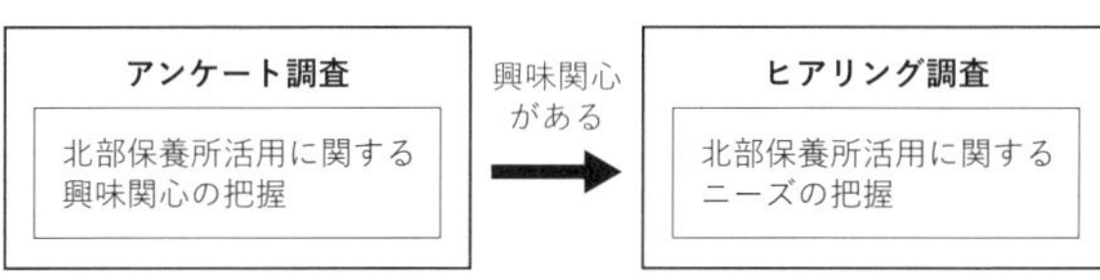


図 4-12　事業者ニーズ調査の進め方
（出典：大津市「大津市北部保養所を活用した北部地域活性化構想」（2019 年）30 頁）

| | 質問 | 回答 |
|---|---|---|
| 問 1　事業者の活用意向について | | |
| ① | 空き保養所の活用意向の程度 | |
| ② | 活用にあたっての障壁<br>（懸念事項、提供を望む情報等） | |
| 問 2　空き保養所活用にあたっての要件 | | |
| ③ | 取得したい空き保養所の用途、築年数、構造、規模（階数）、面積（延床面積、敷地面積）、駐車台数、立地など | |
| ④ | 想定している顧客のターゲット、事業スキーム（売買/定借、自社テナント/サブリースなど）、事業期間など | |
| ⑤ | 連携したい他業種など<br>（ホテル×サイクルなど） | |
| 問 3　行政に求めること | | |
| ⑥ | 保養所活用にあたっての支援 | |
| 問 4　当該地域の特徴について | | |
| ⑦ | 当該地域の強み、ポテンシャル<br>他地域との差別点 | |
| ⑧ | 当該地域の弱み、課題点<br>力を入れてほしい点 | |
| その他 | | |
| | | |
| | | |

図 4-13　ヒアリング調査票のフォーマット（大津市「大津市北部保養所を活用した北部地域活性化構想」（2019 年）34 頁）

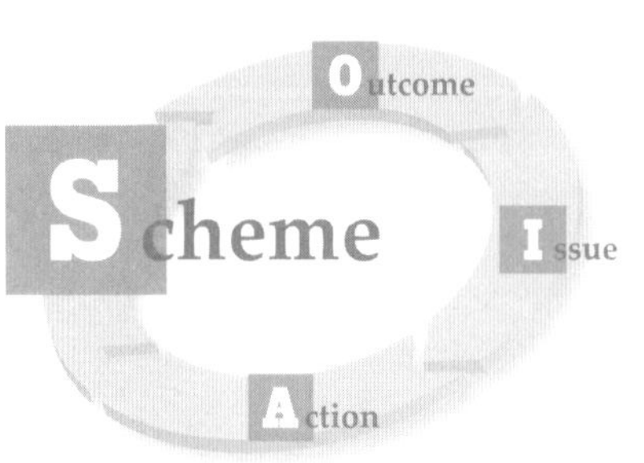


Case 4

# 開発許可制度の弾力的な運用

## 「北部地域活性化構想」の策定と規制緩和のポイント

大津市では、ニーズ調査の後、2019年4月、「大津市北部保養所を活用した北部地域活性化構想」（以下、「北部地域活性化構想」という）を取りまとめた。具体的には、北部地域の観光や空き保養所の状況を示した上で、活性化のコンセプト、空き保養所の利活用により期待される効果（図4-14）、および空き保養所を利活用できる条件（図4-15）を示した。

**空き保養所の利活用により期待される効果**
- 歴史・文化資源、自然景観など地域の観光資源を活用すること
- 地域経済の活性化に寄与すること
- 周囲との調和を図ること
- 地域観光資源の魅力を広く発信すること
- 地域観光資源の発掘や磨き上げにつながること
- 地域再生など喫緊の課題解決に資する既存ストックの活用となること

図4-14　空き保養所の利活用により期待される効果
（出典：大津市「大津市北部保養所を活用した北部地域活性化構想」（2019年）17頁）

**空き保養所を利活用できる条件**
- 原則として、観光振興に資する施設であること
- 具体的には、宿泊施設、飲食施設、体験施設、サイクル施設、その他地域再生など喫緊の政策課題の解決に資する施設など

図4-15　空き保養所を利活用できる条件
（出典：大津市「大津市北部保養所を活用した北部地域活性化構想」（2019年）16頁）

自治体が規制緩和を行う際に検討すべきポイントは、大きく２つある。規制緩和の必要性および当該規制の趣旨の整理である。

１つ目の規制緩和の必要性については、大津市では前述のニーズ調査を行い、規制緩和のニーズがあることを前提に、規制緩和により期待される効果を明らかにした。すなわち、図4-14記載のとおり、利用されていない空き保養所を活用することにより、地域の観光振興を図ることが必要であると判断した。

２つ目の規制の趣旨の整理とは、そもそもの規制の趣旨を考え、①その趣旨を害さない範囲で規制緩和を行うのか、または、②規制の趣旨自体が時代に合わなくなっているので規制そのものを撤廃するのかを整理して検討することを意味する。

本件についていえば、都市計画法が市街化調整区域において開発行為を禁止する趣旨は、無秩序な市街化の防止にある。この規制の趣旨自体は現在も有効であると考えられた。また、そもそも都市計画法という法律の改正は国会で行うものであり、自治体には改正する権限もない。そこで、法律の趣旨を害さない範囲で規制緩和を行った。

すなわち、空き保養所を宿泊施設に転用したからといって、新たな市街化が進むわけでない。一方、市街化調整区域内における新たな宿泊施設の建築を無制限に認めたり、空き保養所であれば何にでも転用できたりすると、市街化調整区域の無秩序な市街化が進むおそれがある。そこで、図4-15記載の利活用の条件を定めることで、地域の観光振興を図るという目的達成に必要な範囲で規制緩和を行うことにした。

このように、自治体の規制緩和は、条例や要綱の上位規範として法律が存在することが多いため、規制自体の撤廃という手法がとれる場合は少なく、法律の趣旨を害さない範囲で、条例や要綱を改正する場合が多いであろう。しかし、そのような場合でも、ニーズを事前に把握して必要とされる規制緩和を行えば、狙った効果が得られる。

## 国による開発許可制度運用指針の改正

大津市の規制緩和を後押ししたのが、国の開発許可制度運用指針の一部改正である。

2016年12月、国土交通省が、市街化調整区域における建築物の用途変更について、空き家等の既存建築物を地域資源として、観光振興等による地域再生に活用する場合に、許可の運用の弾力化を可能とする技術的助言を発出した。大津市だけではなく、全国の市街化調整区域においても、空き家が利活用されないという同様の課題があったためである。

具体的には、市街化調整区域における既存建築物の用途変更に係る都市計画法42条1項但書の規定による許可および43条1項の規定による許可の問題となる。例えば、都市計画法43条1項本文は、図4-16記載のとおり規定する。

この規定に関する開発許可制度運用指針（平成26年8月1日付け国都計第67号国土交通省都市局長通知）が改正され、許可にあたっては、例えば、図4-17記載の事項に留意することが望ましいとされた。

このように規制緩和を行う場合には、国の動向や他市の事例を調査することも、当然行わなければならない。特に、国が同様の規制緩和の方針を打ち出している場合には、自治体においても、市議会からの理解が得られやすい。

（開発許可を受けた土地以外の土地における建築等の制限）
第四十三条　何人も、市街化調整区域のうち開発許可を受けた開発区域以外の区域内においては、都道府県知事の許可を受けなければ、第二十九条第一項第二号若しくは第三号に規定する建築物以外の建築物を新築し、又は第一種特定工作物を新設してはならず、また、建築物を改築し、又はその用途を変更して同項第二号若しくは第三号に規定する建築物以外の建築物としてはならない。

図4-16　都市計画法43条1項本文の規定

Ⅰ. 個別的事項
Ⅰ－15 法第42条、第43条関係（既存建築物の用途変更）
(2) 人口減少・高齢化の進行等により、市街化調整区域においては空家が多数発生し、地域活力の低下、既存コミュニティの維持が困難となる等の課題が生じている。これに対し、空家となった古民家等を地域資源として、観光振興等による地域再生や既存コミュニティの維持の取組に活用することが必要となることも考えられる。
一般に、適法に建築・使用された既存建築物は、周辺に一定の公共施設が整備されており、新たな開発行為と比べ周辺の市街化を促進するおそれは低いと考えられることから、地域再生など喫緊の政策課題に対応するため、市街化調整区域において既存建築物を活用する必要性が認められる場合には、地域の実情に応じて、用途変更の許可をしても差し支えないものと考えられる。
具体的には、市街化調整区域における既存集落等が抱える課題に対応するため、既存建築物を次の①又は②に掲げる建築物に用途変更する場合が考えられる。
① 観光振興のために必要な宿泊・飲食等の提供の用に供する施設
法第34条第2号に該当しない場合において、市街化調整区域に現に存在する古民家等の建築物やその周辺の自然環境・農林漁業の営みを地域資源として観光振興のために活用するに当たり、当該建築物を宿泊施設、飲食店等とする場合が考えられる。
② [略]
(3) (2)の具体的な運用に当たっては、次の事項に留意することが望ましい。
① 地方公共団体のまちづくりの将来像に与える影響に鑑み、都市計画区域マスタープラン及び市町村マスタープラン並びに地域振興、観光振興等に関する地方公共団体の方針・計画等と整合している必要があり、これらに係る関係部局と十分な連携を図ること。
② 道路の渋滞や上下水道への著しい負荷を生じさせること等、当該建築物の用途を変更することによる周辺の公共施設への影響等について考慮すること。
③ 古民家等の既存建築物を地域資源として活用する場合には、用途変更の許可に際し、法第79条に基づく許可条件として、建替えに一定の制限を課す等の条件を設定することにより、既存建築物自体が適切に保全されるようにすること。

図4-17　開発許可制度運用指針の改正（2016年12月）
（注：上記は改定の全文ではなく、保養所に関連する事項の抜粋である）



## 利活用制度申請手引きの作成および公表

前述の北部地域活性化構想を取りまとめた後、大津市は、「大津市北部保養所を活用した北部地域活性化構想に基づく空き保養所の利活用制度申請

| 適用範囲 | ・北部地域の市街化調整区域の現に空家になっている保養所の利活用であること。<br>・「大津市市街化調整区域北部保養所の利活用制度に関する実施要綱」に基づき確認が得られたものであること。 |
|---|---|
| **申請地**<br>※①～⑤すべてに該当する建築物が存在している土地であること | ①利活用する建築物が適法に建築されていること。<br>②主要用途が保養所※であること。<br>③現時点において、空き家となっており、建築物を使用していないこと。<br>④敷地面積は、変更しないこと。<br>⑤新たな造成は認められない。（既に形成された宅地であること）<br>※建築確認台帳に「保養所」と記載されているもの、もしくは登記簿等で「保養所」であることを示せるものとします。 |
| **許可基準** | ①敷地に接する道路（建築基準法第 42 条に規定する道路をいう）は、幹線道路まで有効幅員 4 m以上確保できていること。<br>②施設に応じて敷地内に適切な規模の駐車場を確保していること。<br>③都市計画法第 43 条に基づくものであること。<br>※上記①～②の要件に当てはまらない場合についても、別途協議を行い、許可できる場合もありますので、ご相談ください。 |
| **留意事項** | ・利活用にあたり、都市計画法第 4 条に定義される「開発行為※」を伴わないでください。<br>・用途変更後に用途を再変更する場合、大津市開発許可制度に関する基準に基づくものでしか用途変更できないため、都市計画法上の保養所の用途に戻すことはできません。<br>・許可時点の用途から追加・変更を行う場合には、再度許可を得る必要があります。<br>・建築基準法等に基づく条件は申請者各自で確認をお願いします。<br>※開発行為とは主として建築物の建築または特定工作物の建設の用に供する目的で行う土地の区画形質の変更をさします。 |

図 4-18　空き保養所利活用に係る都市計画法 43 条の許可基準
（出典：大津市「大津市北部保養所を活用した北部地域活性化構想に基づく空き保養所の利活用制度申請手引き」（2019 年）5 頁）

手引き」を作成し、公表した。

主たる手続きは、都市計画法 43 条に基づく、市街化調整区域内の保養所の用途の変更である（**図 4-18**）。

これに加えて、大津市では、用途変更までに要する一連の手続きについて、具体的に定めた（**図 4-19**）。以下、特徴的な点を紹介する。

## 事前協議による事業内容の確認

大津市は、「大津市市街化調整区域北部保養所の用途の変更に係る事前協議等の手続に関する要綱」を定め、事業者が保養所の用途変更に関し、都市計画法 43 条 1 項の規定による許可の申請をしようとするときは、事前協議書を提出するものとした。

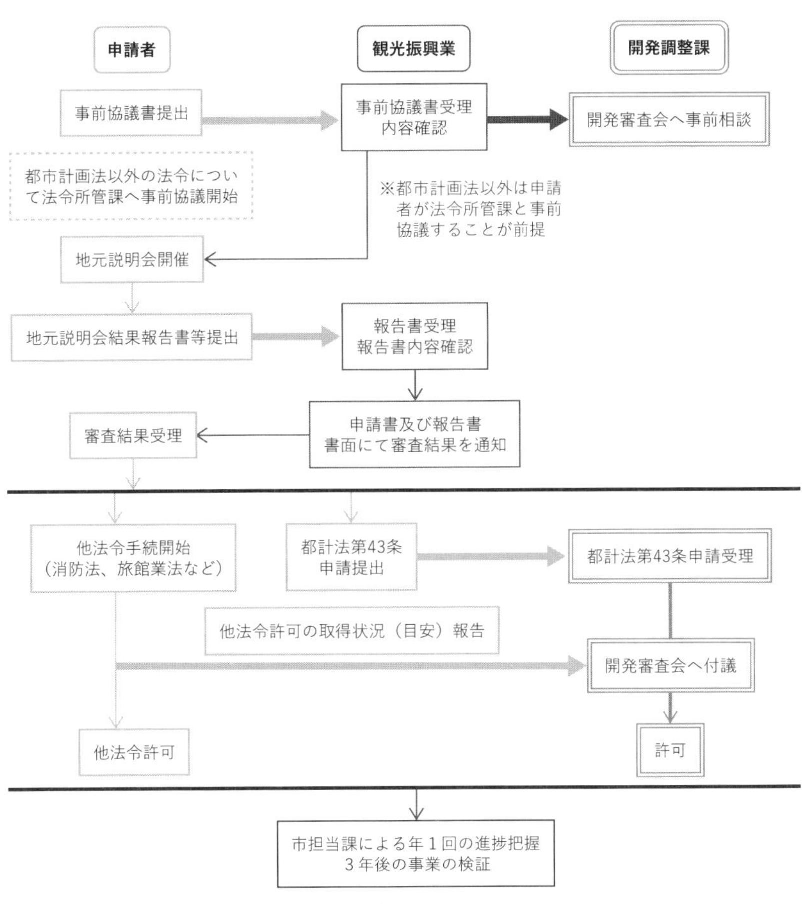


図 4-19　空き保養所利活用までの流れ
（大津市「大津市北部保養所を活用した北部地域活性化構想に基づく空き保養所の利活用制度申請手続き」（2019 年）6 頁）

「事前協議書」の様式を定め、用途変更だけではなく、宿泊施設や飲食施設の事業概要として、活用する地域資源や事業のターゲット層、さらには、当該地域で事業を実施する必要性等についても記載を求めた（**図 4-20**）。当該事業が市街化調整区域における観光振興に資するものか否かについて、事前に協議し確認するためである。

(様式第１号)

# 事前協議書

年　　月　　日

(宛先)
大津市長

住所（法人にあっては、主たる事業所の所在地）
事前協議者 氏名（法人にあっては、名称及び代表者の氏名）
電話番号

大津市市街化調整区域北部保養所の用途の変更に係る事前協議等の手続に関する要綱第３条の規定による事前協議を行いたいので、関係図書を添えて提出します。

１ 変更前の概要

| 所在地 | | | |
|---|---|---|---|
| 敷地面積 | ㎡ | 建築面積 | ㎡ |
| 延床面積 | ㎡ | ガス | 都市ガス・プロパンガス |
| 上水道 | 有・無 | 下水道 | 有・無 |
| 道路 | 公道・私道（幅員）　m | 階数 | 階 |

２ 変更後の概要

| 主要用途（※） | | 工事種別 | |
|---|---|---|---|
| 区分 | 自己所有 | 駐車台数 | 台 |
| 消防用窓 | | | |
| 消防用設備 | 消火器・屋内消火栓・自動火災報知設備・誘導灯・避難器具 | | |

※ 大津市開発許可制度に関する基準における建築物の用途の分類から選択してください。
（例：飲食店、宿泊施設（A)、観光施設）

４ 事業概要等

| １ 事業種別 | ※該当するものに○を記載<br>・宿泊施設　　　　・飲食施設<br>・観光施設、体験施設　　　　・サイクル関連施設<br>・その他（　　　　　　　　　　　　　） |
|---|---|
| ２ 事業概要 | ○活用する地域資源や事業のターゲット層について<br><br>【その他、コンセプト、ターゲット、事業内容、事業スキーム、PRポイント等】<br>※自由記載 |

図 4-20　事前協議書の様式

（出典：大津市「大津市市街地調整区域北部保養所の用途の変更に係る事前協議等の手続に関する要綱」（2019 年）および大津市「大津市北部保養所を活用した北部地域活性化構想に基づく空き保養所の利活用制度申請手引き」（2019 年））

| | |
|---|---|
| | ○当該地域で事業を実施する必要性について |
| | ○周囲との調和について<br>※当該地域への配慮、周辺の農地や自然環境との調和の考え方などを自由に記載 |
| 3 事業実施により期待できる効果 | ○空き保養所の利活用による大津市北部地域の活性化や観光振興への貢献について<br>※次の基準に掲げる事項のうち，特に当該地域活性化に貢献できると考える事項について具体的に記載<br><br>【基準】<br>・必須事項<br>□歴史・文化資源、自然景観など地域の観光資源を活用すること<br><br>□地域経済の活性化に寄与すること<br><br>□周囲との調和を図ること |

| | |
|---|---|
| | ・任意事項（いずれか一つを満たすこと）<br>□地域観光資源の魅力を広く発信すること<br>□地域観光資源の発掘や磨き上げにつながること<br>□地域再生など喫緊の課題解決に資する既存ストックの活用となること<br>※地域再生など喫緊の課題解決に資する既存ストックの活用を選択する場合は、市の策定した各種計画や構想などとの整合を示すとともに課題及び解決方法などを詳細に記載すること |
| 4 事業実施スケジュール | 【申請手続き完了後から、事業開始（供用開始）までのスケジュール】<br>※自由記載 |
| 5 特記事項 | 【その他必要に応じて特記事項】<br>※自由記載 |

図 4-20 （続き）

## 地域住民に向けた地元説明会の実施

また、「地元説明会結果報告書」の様式を定めた。空き保養所を利活用しようとする事業者は、地元説明会を行った上で、市に対して「地元説明会結果報告書」を提出することになる（図4-21）。

これは、市街化調整区域の空き保養所を観光施設に転用することにより、来訪者が増加する等、地域住民の生活に影響を与える可能性があるため、地域住民に対して十分な説明を行うことを求める趣旨である。

規制緩和を行う場合には、当該の規制緩和によって影響を受ける可能性のある市民に対して、十分な説明を行うことが重要である。

（様式第２号）

地元説明会結果報告書

年　　月　　日

（宛先）
大津市長

住所（法人にあっては、主たる事業所の所在地）

事前協議者 氏名（法人にあっては、名称及び代表者の氏名）

電話番号

大津市市街化調整区域北部保養所の用途の変更に係る事前協議等の手続に関する要綱第６条第３項の規定に基づき、下記のとおり報告します。

| | |
|---|---|
| 1 建築物所在地 | 大津市 |
| 2 変更後の主要用途 | |
| 3 開催日時 | 年　月　日<br>午前・午後　時　分から　時　分まで |
| 4 開催場所 | 大津市 |
| 5 出席者 | 周辺住民等　　　　人 |
| 6 説明会の概要 | |
| 7 出席者の意見 | |
| 8 出席者の意見に対する措置 | |

| |
|---|
| 上記のとおりであることを確認する。<br>年　月　日<br>周辺住民等の代表者<br>住　　所<br>役職名・氏名 |

※ 周辺住民等の代表者の住所、役職名及び氏名については、自筆であること。

図 4-21　地元説明会結果報告書の様式
（出典：大津市「大津市市街化調整区域北部保養所の用途の変更に係る事前協議等の手続に関する要綱」（2019 年））

# 観光振興に役立つ宿泊・飲食施設の誘致

## 利活用に向けたディスカッションと物件見学ツアーの開催

前述のような利活用の手続きを定めた後、2019年10月、空き保養所の利活用に興味のある事業者向けに、ディスカッションと見学ツアーを開催した。

具体的には、午前中は、市長である私を交えたパネルディスカッションを行い、規制緩和により目指すべき方向や北部地域の魅力について議論した。また、午後からは、空き保養所の見学ツアーを行った。さらに、事業者と空き保養所の所有者とのマッチングの機会も設けた。

想定以上の参加者があり、会場は満員となった（図4-22）。

図4-22　ディスカッション時に満員となった会場の様子

## 生まれ変わる空き保養所と自治体の規制緩和の可能性

空き保養所に係る規制緩和を行った後、民間事業者から５件の申請があった。いずれも宿泊施設への転用である。そして、そのうち１件については、すでに宿泊施設としてオープンしている。

規制緩和は、規制をなくすことで、民間の自由な経済活動を可能とする。規制緩和がうまくいけば、自由競争により、消費者の求める商品やサービスが生まれる。自治体の側から見れば、財政状況が厳しい中で補助金等の予算を支出しなくとも、民間の経済活動を促進することができる非常に有効な手法である。

ところが、これまで、特区制度が注目を浴びることがあっても、自治体の規制緩和が活発に行われるという状況ではなかった。その背景には、前述のとおり、上位規範としての法律が存在する中で自治体が規制緩和を行える余地が少ないことがある。

しかし、市民や事業者のニーズを丁寧に汲み取り、ニーズにマッチした規制緩和を行えば、その範囲が狭く一見地味に見えても、狙った効果は得られる。自治体が、市民や事業者の自由な活動を阻害している規制はないかどうかに敏感になること、そして、法律という壁の前に諦めてしまうのではなく、知恵と工夫を凝らすことが求められている。

注

注１：大津市「大津市北部保養所を活用した北部地域活性化構想」（2019 年）９頁。

# Case 5

# 遊休不動産の活用を促す

——大津宿場町構想

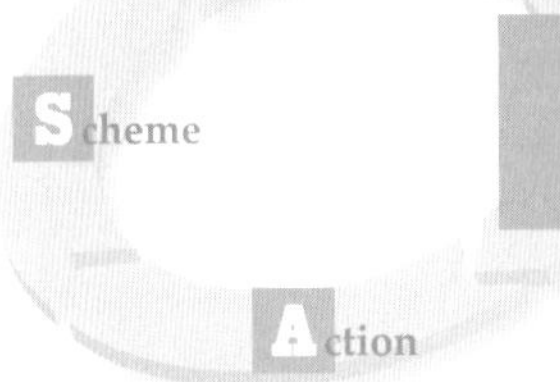

# 中心市街地の空洞化と伝統的な街並みの悪化への懸念

## 中心市街地活性化基本計画の変遷

地方都市においては、郊外の大型店舗の出店等により、数十年にわたり、中心市街地の空洞化が問題となってきた。

大津市でも、私が市長に就任する2012年以前から、中心市街地の空洞化が問題となり、2000年に「大津市中心市街地活性化基本計画」（以下、「旧計画」という）が策定された。旧計画では、「商業機能の再生」「居住環境の改善」「歴史・文化資源の活用」を目標とし、「市街地の整備改善」「商業等の活性化」の分野において重点的に事業を展開するとされた。

2008年、改めて、「大津市中心市街地活性化基本計画」（以下、「1期計画」という）が策定された。基本理念としては、「大津百町と琵琶湖を舞台とした暮らしと交流の創造都市へ」が掲げられた。そして、1期計画の基本理念を承継し、2013年には、「第2期大津市中心市街地活性化基本計画」（以下、「2期計画」という。1期計画および2期計画を併せて、「中活計画」という）を策定した。

## 中心市街地の定義と歴史

中活計画では、「大津・浜大津地区」、すなわち、南北約1km、東西約2kmのJR大津駅から琵琶湖に広がるエリアが「中心市街地」と定義され

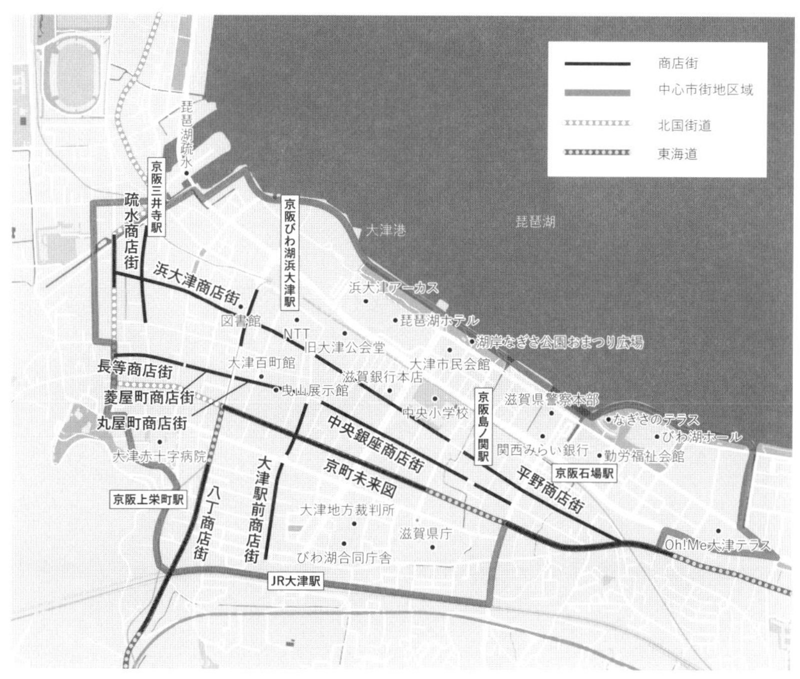


図 5-1　中心市街地の区域と商店街の位置
（出典：2 期計画 62 頁「区域図」および 9 頁「図 1-6 中心市街地の主な公共・公益施設分布図」を基に筆者作成）

ている（**図 5-1**）。

中心市街地は、近世以降、京都への玄関口として発展し、東海道五十三次の宿場町でも最大の人口を有する「大津宿」として賑わった。元禄時代には、町数が 100 カ町、人口 18,000 人を超え、人口密度の高い市街地が形成され、「大津百町」と呼ばれた。また、江戸時代初期には、天孫神社の祭礼である「大津祭」が始まり、大津町人の経済力を背景に、豪華な曳山が取り入れられた。現在も、秋に、13 基の「カラクリ」を有する曳山が中心市街地を巡行する。その風景は、宿場町としての長い歴史を今に伝える風物詩となっている（**図 5-2**）。

図 5-2　中心市街地での大津祭の様子

## 中心市街地の商業機能の低下

旧計画が策定される以前において、市全体の人口は増加する一方、中心市街地の人口は減少を続けてきた。しかし 2005 年頃からは、マンション建設により、人口は増加している（図 5-3）。

商業地としては、中心市街地には、10 の商店街が存在する（図 5-1）。商店街の店舗数は、長期的に減少を続けている（図 5-4）。それに伴い、2009 年度時点で、商店街の空き店舗が 14% となり、商業機能が低下している（図 5-5）。

このように空洞化が進んだ要因としては、以下が考えられる。

大津市全体

| (年) | (人) |
|---|---|
| 1998 | 285,105 |
| 1999 | 287,114 |
| 2000 | 289,601 |
| 2001 | 292,447 |
| 2002 | 295,539 |
| 2003 | 298,472 |
| 2004 | 301,311 |
| 2005 | 302,556 |
| 2006 | 327,479 |
| 2007 | 329,675 |
| 2008 | 332,427 |
| 2009 | 334,341 |
| 2010 | 337,281 |
| 2011 | 338,751 |

中心市街地

| (年) | (人) |
|---|---|
| 1998 | 10,871 |
| 1999 | 10,818 |
| 2000 | 10,753 |
| 2001 | 10,599 |
| 2002 | 10,614 |
| 2003 | 10,458 |
| 2004 | 10,488 |
| 2005 | 10,423 |
| 2006 | 10,628 |
| 2007 | 10,803 |
| 2008 | 10,901 |
| 2009 | 10,896 |
| 2010 | 10,951 |
| 2011 | 11,165 |

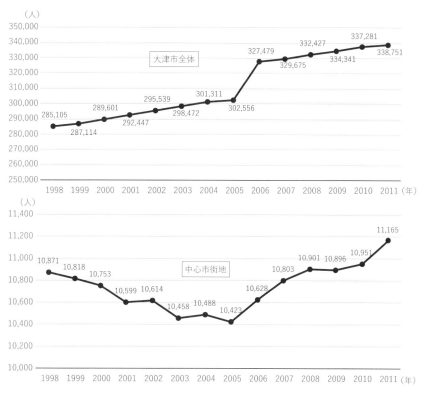

図 5-3　大津市全体の人口推移（上）と中心市街地の人口推移（下）
（出典：2 期計画 11 頁「図 1-7 全市の人口推計」および「図 1-8 中心市街地の人口の推移」）

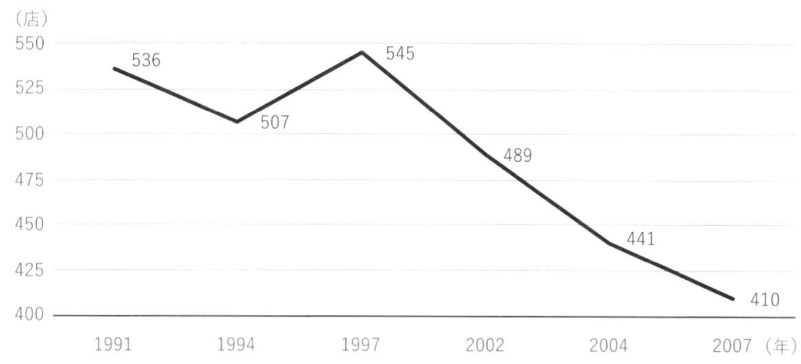


図 5-4　店舗数の推移（出典：2 期計画 14 頁「図 1-11 中心市街地の商店街の店舗数」）

Case 5 | Issue

| 商店街の名称 | | 営業店舗数 | | 空き店舗数 | |
|---|---|---|---|---|---|
| 1 | 長等商店街 | 41 | 91.1% | 4 | 8.9% |
| 2 | 菱屋商店街 | 35 | 79.5% | 9 | 20.5% |
| 3 | 丸屋町商店街 | 33 | 73.3% | 12 | 26.7% |
| 4 | 浜大津商店街 | 87 | 89.7% | 10 | 10.3% |
| 5 | 京町共栄会（京町未来図） | 76 | 82.6% | 16 | 17.4% |
| 6 | 大津駅前商店街 | 53 | 89.8% | 6 | 10.2% |
| 7 | 中央銀座商店街 | 95 | 88.8% | 12 | 11.2% |
| 8 | 平野商店街 | 57 | 93.4% | 4 | 6.6% |
| 9 | 疏水商店街 | 39 | 79.6% | 10 | 20.4% |
| 10 | 八丁商店街 | 40 | 85.1% | 7 | 14.9% |
| | 計 | 556 | 86.1% | 90 | 13.9% |

図 5-5　2009 年度商店街空き店舗等調査の結果

（出典：2 期計画 16 頁「表 1-8 商店街の空き店舗の実態」／注：対象は、旧計画の区域内で 20 店舗以上が道路に隣接し、商店街区域を形成している商店街。区域内のすべての商店数を示したものではない）

## 空洞化の原因①　地理的条件

大津市は、琵琶湖の南西岸に位置する滋賀県の県庁所在地で、南北 46km、東西 20km の細長い形状である。中心市街地は、地理的には、大津市の「中心」にはなく、最西端に位置する（図 5-6）。

1969 年、浜大津から琵琶湖西岸を近江今津（現高島市）まで結んでいた江若鉄道が廃止された。その路線の一部を引き継いだ国鉄湖西線（現 JR 湖西線）が 1974 年に開業したが、湖西線の駅は中心市街地から離れた場所にできた（西大津駅、2008 年に大津京駅に改称）。これによって、中心市街地は、大津における交通結節点ではなくなった。

さらに大津市は、JR を利用して大津駅から京都駅まで 2 駅で 9 分、大阪駅まで 40 分と交通の便がよい。

京都や大阪への通勤圏にあることは、大津市の住宅地としての利点であり、人口増加の要因の 1 つである反面、商業地としての弱点となった。

すなわち大津市民にとっては、従前より、JR や京阪電車により、京都市四条付近や大阪駅付近のデパート等の商業施設へのアクセスがよかったこ

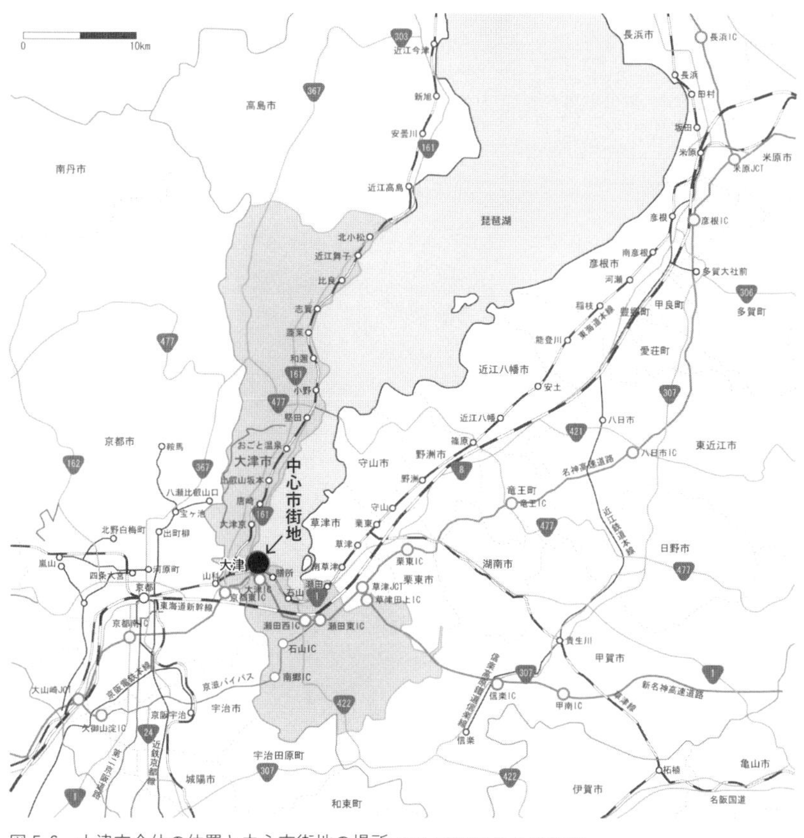


図 5-6　大津市全体の位置と中心市街地の場所（出典：2 期計画 61 頁「位置図」）



とに加え、1997 年に京都駅に「ジェイアール京都伊勢丹」が開業したことにより、JR 琵琶湖線および湖西線のいずれからもさらにアクセスしやすくなり、大津市内の商業地が衰退する一因となった。

## 空洞化の原因②　市町村合併の歴史

大津市は、1932 年以降、周辺町村と合併を繰り返してきた（**図 5-7**）。そのため、合併前の町村にそれぞれのまちの核があり、中心市街地が大津市全

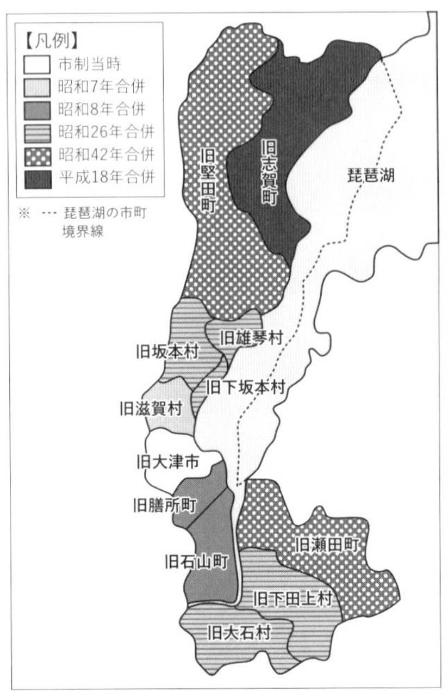


図 5-7　市町村合併の歴史と地図
(出典：大津市「大津市公共施設白書」(2018 年) 5 頁「図 1-1 市域及び旧市町村」)

体の「中心」となりにくい歴史的背景があった。

現に、2017 年から運用を開始した「大津市都市計画マスタープラン 2017-2031」においても、大津駅・浜大津駅周辺を含む 6 つの地域を地域拠点として定め、大津市内のそれぞれの地域が核をなす構造となっている。

## 空洞化の原因③　郊外大型店舗の出店

他の地方都市とも共通する課題であるが、大津市でも、自家用車の利用が進むとともに、郊外に大型店舗が多数出店し、中心市街地の商業機能低下の原因となった。2 期計画の策定時において、市全体の売場面積に占める大規模小売店舗の割合は、80% を超えた（**図 5-8**）。

図 5-8　2012 年の大規模小売店舗の立地（出典：2 期計画 17 頁「図 1-14 大規模小売店舗の立地」）

## 大津町家の減少

中心市街地では、商業機能の低下とともに、大津町家（**図 5-9**）といわれる町家の減少も問題となった。

図 5-9　大津町家の例（撮影：稲場啓太）

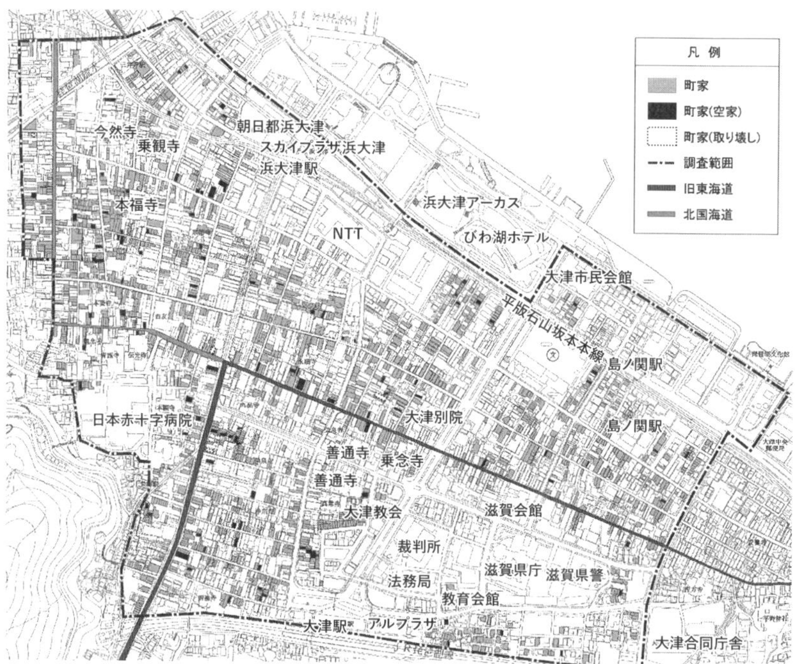


図 5-10　町家の分布（2005 年 3 月現在）（2 期計画 7 頁「図 1-5 大津百町内の町家の分布」）

大津町家は、江戸期・明治期から昭和前期までに建てられた、商業・工業を営む町人が住む職住一体型の住宅で、外観はベンガラの格子や漆喰塗(しっくいぬり)等の真壁(しんかべ)、いぶし瓦の切妻屋根、平入(ひらいり)等の特徴を持つ。間取りは、土間があり、並行して和室の続き間がある[注1]。

2004年に実施された中心市街地を対象とした歴史的建物調査では、約1,600軒の町家が存在した[注2]。その後、2012年度の調査では、約1,500軒に減少し、歴史的な街並みの悪化が懸念された。

Case 5 | Issue

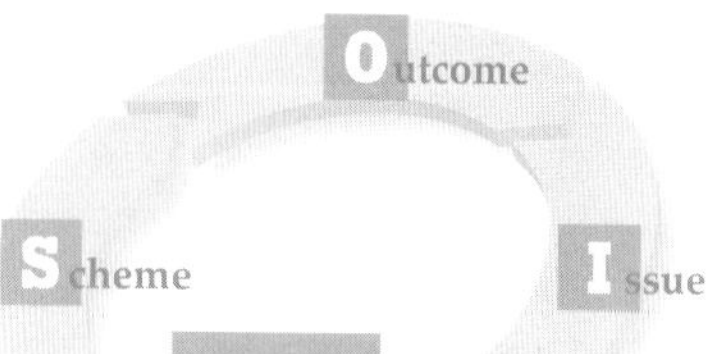


Case 5

# 町家ホテルの開業を契機にした宿場町構想の立ち上げ

## 中心市街地活性化計画の進捗と課題

2000年に策定された旧計画については、全事業数49事業のうち、実施済5事業、一部実施10事業、未実施34事業であった。実施された事業は都市計画道路の整備等が多く、2008年の1期計画において、旧計画の反省点として、「公共事業に偏った事業構成」が挙げられている。

すなわち、「49事業のうち7割以上が市街地の整備改善に関する事業となっており、活性化の計画でありながら、そのほとんどが公共事業である。まちの元気を回復するための事業が少なく、計画をすべて達成したとしても活性化につながるかどうか疑問が残る」とされている。結局、道路の整備等が、市街地の空洞化の回復には結びつかなかったのである。

旧計画に続いて、2008年に策定された1期計画については、2期計画の策定時において、全事業数49事業のうち、実施済16事業、実施中20事業、未実施13事業となった。地元の住民や建築士が町家を保存しようという機運を高め、「まちなみ整備事業（町家の修景補助制度）」や登録有形文化財を活かしたまちづくり事業等、歴史的資源をまちづくりに活かす事業が行われた。また、湖岸エリアでは、琵琶湖沿いに「なぎさのテラス」と呼ばれるカフェができ、賑わいが生まれた。しかし、これらが大津百町エリアの賑わいに結びつくには至らなかった。

そのような中、新しい動きは、中活計画とは別のところで、民間から始まった。2015年頃からのインバウンド需要を背景に、町家を利用した2つの宿泊施設が開業したのである。大津市においては、2012年から2017年にかけて、外国人宿泊客が2.6倍に増加していた。

## 大津町家を活かした宿泊施設「粋世」の開業

2017年4月、町家を改修した宿泊施設として「粋世」が誕生した（図5-11）。1933年に建築された穀物商の町家について、当時と同じ材料を使い改修工事が行われた。2018年3月には登録有形文化財にも指定されている。大津町家の和の趣とレトロモダンが融合した粋な空間である。床面積335m$^2$の町家に、里山のような自然の風景が広がる裏庭が存在する。宿泊できる部屋数は5部屋。

粋世を経営するのは、滋賀県米原市の株式会社湖北設計。取締役営業部長の世一康博氏は、大津市にゲストハウスをつくった理由を次のように語る。

図5-11　大津町家を改修した宿泊施設「粋世」
（撮影：稲場啓太）

「きっかけは、地域の方から取り壊される予定の町家を紹介されたことでした。100年以上の町家が壊され、地域のよさが観光客に認知されていないことに危機感があったのです。そこで、地域密着のゲストハウスをつくることで、商店街と宿泊客をつなぎ、日常の暮らしが味わえる拠点をつくりたいと考えました。」

新型コロナウイルス感染症の流行前まで、粋世では、宿泊客向けに、お茶、浴衣の着付け、書道等の文化体験を催していた。そのような取り組みもあり、粋世の宿泊客のうち、3～4割が外国人で、国籍も欧米を中心に世界32カ国と多岐にわたった。

私も、粋世を訪れ、宿泊していたフランス人観光客から話を聞いたところ、泊まることで日本の文化が味わえることが魅力だと語っていた。

## 街中に点在する「ホテル講」の開業

2018年8月には、街中に点在する7軒の町家ホテル「ホテル講」が開業した（図5-12）。5軒は一棟貸しタイプ、2棟は町家の各部屋を客室にしたホテルタイプである。築100年以上の町家をリノベーションし、北欧デザイナーの家具とのマッチングが、独特の新しい空間をつくり出している。

ホテル講では、宿泊者に大津のまちの魅力を体験してもらえる仕組みづくりをしている。例えば、あえて夕食を提供せず、街中の飲食店の利用を促す。

ホテル講を経営するのは、滋賀県竜王町の株式会社谷口工務店。代表取締役の谷口弘和氏は、ホテル講を開業した狙いを次のように語る。

「町家のリノベーションを通して、大津のまちの魅力を多くの人に伝えたいと考えています。町家ホテルに宿泊してまちを楽しむことで、古くから根付く文化や住む人々の営みそのものの魅力を感じていただきたいです。」

ホテル講が誕生したことで、まち全体を宿場町として捉える「宿場町構

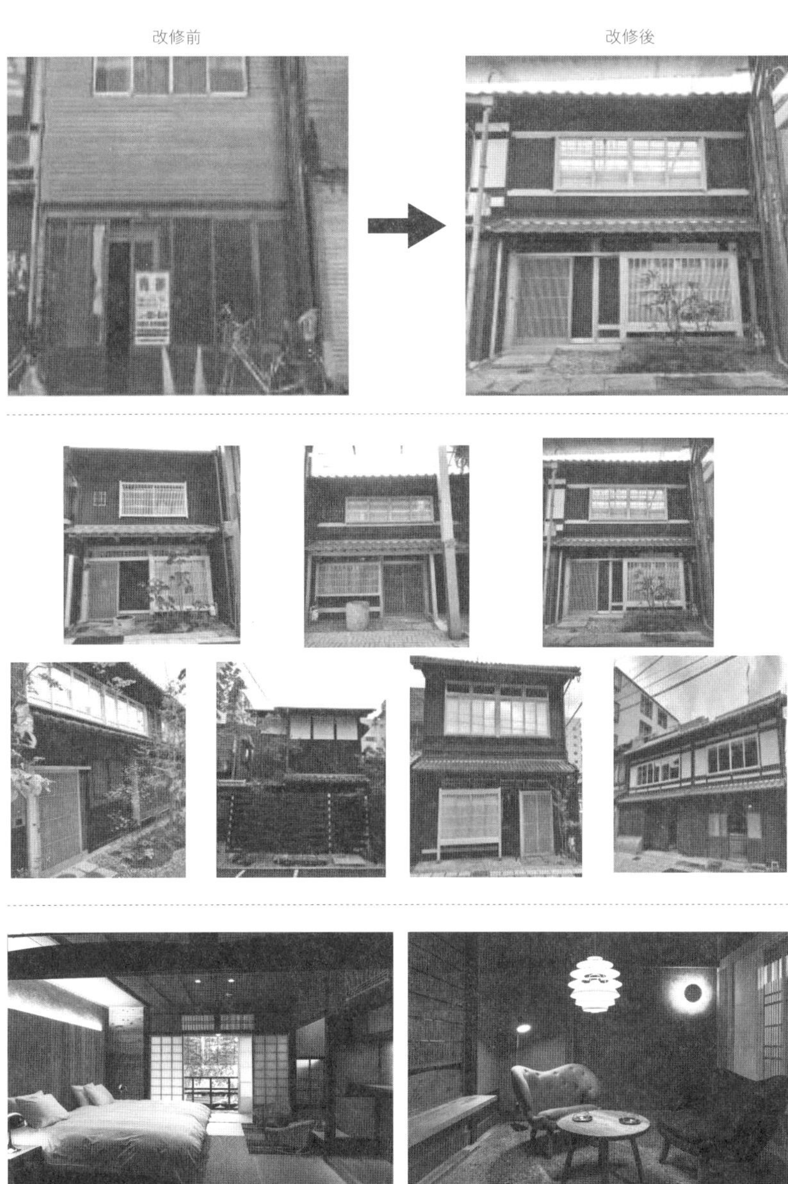


図 5-12　町家のリノベーション前後の様子（上＝提供：大津市）と街中に点在するホテル講の外観（中7点＝提供：大津市）と内観（下2点＝提供：谷口工務店）

Case 5 | Action

想」に向けて前進した。

## 宿場町構想の立ち上げ

町家を利用した２つの宿泊施設の開業は、私自身のまちづくりに対する見方を大きく変えた。

市長就任前から引き継がれてきた中活計画は、前述のとおり、ハード事業に偏り、まちの賑わいに結びついていなかった。そのことを認識し、ハード事業の予算の削減を進めていたが、子育て、いじめ、ゴミ処理施設の建て替え、行財政改革等、市政全般に様々な課題が山積する中で、中心市街地活性化に、私自身の時間を割くこともできなかった。

しかし、古い町家がそのよさを活かして宿泊施設に生まれ変わる過程で、大津町家の価値とまちの中に息づく歴史と文化の魅力を改めて認識し、大津にしかないまちづくりをしたいと思うようになった。そこで、このようなまちづくりを「宿場町構想」と名付けた。

「宿場町構想」は、かつて栄えた宿場町大津の復活を目指し、次世代や来訪者に大津宿の歴史と魅力を伝え、民間事業者等による空き町家等の利活用を進めることを目的とした。そして、町家を壊すのではなく、町家の良さを活かそうと、町家のリノベーションを「まちもどし」と呼んだ。

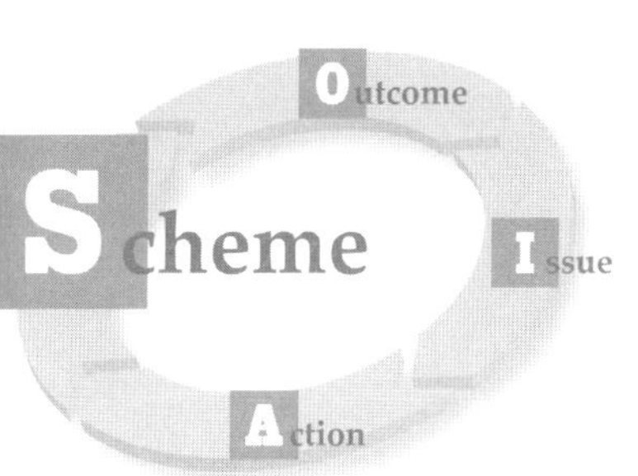


Case 5

# 都市再生課のまちなか移転とリノベーションスクール

## 宿場町構想の進展

「宿場町構想」の名の下に、町家ホテルの関係者、地域住民および市職員からなる宿場町構想実行委員会を立ち上げ、町家や空き家の利活用等を進めていくことになった。重要なのは、これまで長年にわたって地域で町家の保存や活性化の活動に携わっていた住民や建築士が参加したことである。町家ホテルができた背景にも、町家を事業者に紹介した地元の方の尽力があった。特に長い歴史を有する地域においては、そこに暮らす住民と新しく事業を始める事業者がどのように協力し合い融合していくかは、事業の成否を決する。

事業の進め方としては、中活計画とは異なり、事前に計画を立てて進めるというよりも、地域住民、民間事業者、職員や市長である私のアイデアを宿場町構想実行委員会等で話し合う形で進めた。例えば、地域の方のアイデアで、「大津まちなか大学大津百町おもてなし学部」として、旅行者にまちの魅力を伝える人材を育成するプログラムが始まった。必要な予算については、議会の議決が必要だが、中心市街地の活性化に関わることについては、議会の賛成も得られた。

その中でも、その後のまちづくりに、大きなインパクトを与えた事業が、都市再生課のまちなか移転とリノベーションスクールである。

## 「町家市役所」のきっかけ

私はあるとき、公共空間を楽しくするためのアイデアが書かれた馬場正尊氏およびOpen A著の『RePUBLIC 公共空間のリノベーション』(学芸出版社)を読む機会があった。その中で、「まちづくりの部署は、街にあるべき」という見出しが目に飛び込んできた。「役所ビルの中にいるより、現場の真っ只中にいた方が街の課題がリアルに見えてくる」と書かれていた。

「まさにこれだ!」と思い、町家の活用を議論する中で、市役所を町家に移転することができないかと考え、職員と話をした。

そして、市役所を町家に移転する目的について、次のように整理した。

### 目的① まちづくりの部署を街中につくる

移転する部署は、都市再生課とした。それまでも、都市再生課は、「明日都浜大津」という街中の再開発ビルに所在していたが、ビルの中であるため、まちの中の雰囲気までは分からなかった。そこで、町家の利活用を進めるために、町家の実際の状況を知り、そこにかかわる人々から日常的に情報を得られるよう、まちづくりの部署が街中の町家に移転すべきと考えた。

### 目的② 行政のあり方を変える先駆けをつくる

これまでの市役所における市民とのコミュニケーションは、受付のカウンターを挟んで、対峙する形であった(図5-13)。

しかしこのような形では、どうしても市民と職員が対立するような構造をイメージさせてしまう。市民が要望する側、職員が要望を受ける側といった構造では、公共事業頼みのまちづくりの構図から抜け出せない。そうではなく、市民と職員がともにまちづくりのために働く新しい場所をつくりたかった。

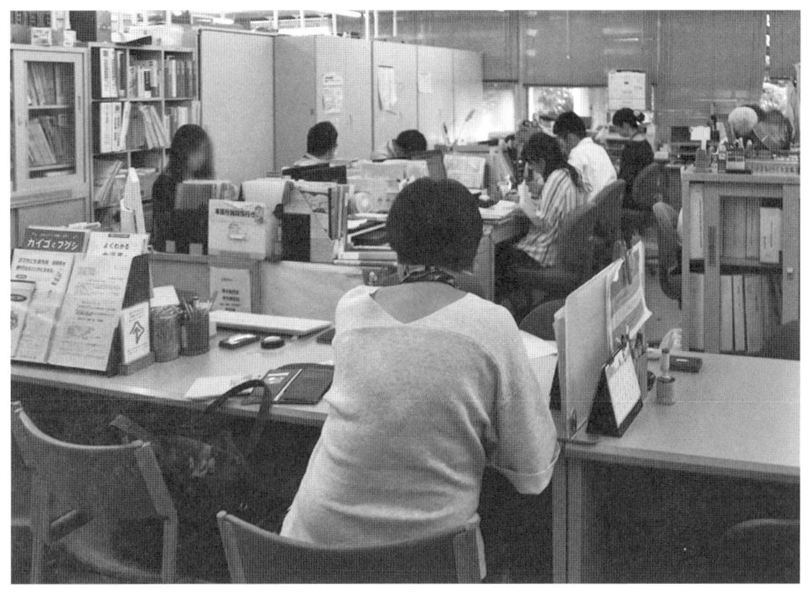


図 5-13　大津市役所のカウンター（提供：大津市）

### 目的③　市民と職員が隣り合って働ける場をつくる

そこで、町家に移転すると同時に、従来のカウンターを挟んだ対峙型をやめることにした。その代わり、市民も職員もともに働けるコワーキングスペースを設けることで、市民のアイデアを市の業務や課題解決に取り入れたり、逆に市民が事業や活動を始めるときに職員が人や場所を紹介したりするといった創発が生まれる場をつくろうと考えた。

### 目的④　町家オフィスのモデルをつくる

従前から大津には町家を活用した飲食店が存在したが、それに加え、町家を活用した宿泊施設が誕生した。その次は、町家の多様な活用法の１つとして、オフィスとしても町家の利活用を進めたいと考えていた。そこで、行政が率先してモデルケースをつくる意義は大きいと思われた。

## 「町家市役所」の誕生

都市再生課の職員が移転にふさわしい町家を探し、町家のリノベーション工事を行った。

2019年5月、町家オフィス「結」が誕生し、都市再生課の職員10人が町家オフィスで働くことになった（図5-14）。

図5-14　町家オフィスの外観（提供：大津市）

## 「町家市役所」の活用とその効果

町家オフィスでは、コワーキングスペースで、職員と市民がともに、まちづくりについて話し合う場ができた（**図5-15**）。様々な市民が町家オフィスを気軽に訪れるようになり、お母さんが子どもを連れて、コワーキングスペースで働いていることもある。

町家オフィスで働く職員は、「町家オフィスに移転して、市民がふらっと立ち寄れる場所になった。まちの将来像について市民と自然に語ることができるようになった」と話す。市民との会話をきっかけとして、大津産の鮒ずし、漬物、日本酒、ビール等の発酵食品をふるまう「発酵酒場」が開催されたこともある。

市民からは、「何かアイデアがあるときに、気軽に相談に行けるようになった」という声が寄せられる。実際に、市民のスキルや経験を活かした

図5-15　コワーキングスペースの様子（提供：大津市）

図 5-16　勉強会や交流イベントの様子（提供：大津市）

いという申し出も増えた。例えば、ものづくりの職人を招き、蒔絵や籠作りを体験する「クラフトマン・ワークショップ」も生まれた。また、コワーキングスペースを訪れていた女性たちが、「結マルシェ」として町家オフィスでマルシェを開催した。

さらに、コワーキングスペースを活用して、まちづくりについての勉強会や交流イベントも行われるようになった（図 5-16）。例えば、空き家活用、エリアリノベーション、関係人口等に関するトークイベントが開催された。実際にこれらに関わっている専門家を講師として招き、仕事が終わった夜の時間に、30 代、40 代の市民らが集う。

都市再生課のまちなか移転の一番の効果は、市民と職員が常にまちづくりについて一緒に議論し、まちづくりを進める拠点ができたということである。近隣住民が気軽に立ち寄り、まちづくりについて話をする。空き町家の情報も職員に入ってくる。それだけではなく、大津市内外から、大津の町家や街中への移転に興味がある若者や事業者が、町家オフィスに情報を求めて訪れるようになり、町家オフィスは、「ここに聞けば分かる」「ここに聞けばつないでくれる」という場所となった。

そして、これは何も場所だけの効果ではない。都市再生課には、若手の職員が集まっている。若手の職員が、自由な発想でイベントやカフェを企画する。そして、空き町家の情報を、店舗を探している若者に伝える。職員の活動こそが、町家オフィスをまちづくりの核としているのである。

市役所には、自由な発想と行動力を持っている職員も多い。しかし、市役所の建物の中にいると、物理的にだけでなく心理的にも、組織の論理の中で行動せざるを得ない。それが、市役所から街中に飛び出したことによって、職員の本来の力が解放されたように感じる。

## 空き物件活用企画リノベーションスクールの誘致

都市再生課のまちなか移転と並ぶ重要な動きは、リノベーションスクールである。

大津市は、JR 西日本から他都市で実施されていたリノベーションスクールを紹介されたことをきっかけに、JR 西日本とともに、リノベーションスクールを開催した。

リノベーションスクールとは、日本全国で増えている空き家や公共空間等のうまく活用されていない空間資源を活用して、地域が抱える社会課題を解決する事業を生み出す人材育成型のプログラムである。株式会社リノベリングが手掛けている。

リノベーションスクールは、週末を中心とした短期集中型の学校という形で開催される。まず、具体的な空き物件が選定される。その上で、社会課題の解決に向けた新しい事業の実践者たちをユニットマスターとして迎えて、参加者が空き物件を活用した事業プランを企画する。そして、できあがったプランを空き物件のオーナーに提案する。採用されれば、実際のリノベーションが行われることになる。

大津市のリノベーションスクールのスクールマスターを務めた株式会社まめくらし代表取締役の青木純氏は、その狙いについて、「民間と行政、地域住人と関係人口等、立場や年齢を超えた同じ課題を分かち合う人材の融合と化学反応によって、地域の平熱を高める続けること」と語る。題材として提供された空き家が活用されることがベストだが、相続や仏壇の扱い等、大家側の事情も孕（はら）む。物件そのものが活用されること以上に大切なのは、地域の未来を真剣に考えるコミュニティとそこから生まれるプロジェクト群だという。

## 若者・女性が熱く参加したリノベーションスクール

大津市のリノベーションスクールは、3カ年にわたって、図5-17記載の

| 第1回リノベーションスクール | |
|---|---|
| 2018年8月 | 第1回事前講習会 |
| 9月 | 第2回事前講習会 |
| 10月 | 3日間のユニットワークにて、遊休不動産を活用したリノベーション事業計画を企画<br>・対象物件見学・まちあるき<br>・ユニットワーク<br>・公開プレゼンテーション |
| 11月 | フォローアップ |
| 1月 | 他市のリノベーションまちづくりの視察 |

| 第2回リノベーションスクール | |
|---|---|
| 2019年7月 | リノベーションに取り組む専門家等からのレクチャー・トークセッション |
| 10月 | 3日間のユニットワークにて、遊休不動産を活用したリノベーション事業計画を企画・公開プレゼンテーション（詳細は第1回リノベーションスクールと同様） |
| 11月 | 対象物件を活用したカレーの提供等の社会実験 |

図5-17　リノベーションスクールの概要

（出典：大津宿場町構想実行委員会「全体会（第2回総会）議案書」（2019年）「平成30年度事業報告」および大津宿場町構想実行委員会「全体会（第3回総会）議案書」（2020年）「令和元年度事業報告」を基に筆者作成／注：3回のリノベーションスクールのうち、筆者が市長在任中の第1回および第2回について掲載し、第3回について省略）

図 5-18　リノベーションスクールの様子（提供：大津市）

のとおり開催された。リノベーションスクールに参加するのは、8 人× 3 ユニットの 24 人が原則。建築・デザイン関係の仕事をする方、会社経営者等。特徴は、20 代や 30 代の若者が中心であること。男女比も半々である。開催される 3 日間は、対象物件のリノベーションの用途や方法について、深夜まで熱い議論が交わされる（**図 5-18**）。

私も、リノベーションスクールのキックオフや公開プレゼンテーションに参加した。最初に驚いたのは、若者や女性が多いということだった。それまで、「中心市街地活性化」というと、若者の姿はあまりなかったのだが、リノベーションスクールでは、若い世代が町家の活用について真剣に議論し発表する姿に、心が動かされた。

Scheme
Issue
Action

Case 5

# 若者による町家活用の広がり

## リノベーションスクールの成果と余波

リノベーションスクールの成果として、現在、2軒の町家が活用されている。児童クラブの「全力BOX」とカレー専門店の「KWC」である。

また、リノベーションスクール以外にも、チョコレートショップがオープンするという動きもあった。

### 活用例① 放課後児童クラブ「全力BOX」

第1回リノベーションスクールの参加者やユニットマスターが、合同会社ポップアップを立ち上げ、2020年4月、町家をリノベーションした放課後児童クラブ「全力BOX」をオープンした（図5-19）。

場所は、リノベーションスクールの対象物件であった町家。放課後にな

図5-19　全力BOXの外観・内観（提供：全力BOX）

ると、20人を超える子どもたちが集まる。コンセプトは、子どもたちが全力で遊ぶ場所。大津市職員の紹介で知り合ったバイリンガルの支援員や外国人の支援員が、英語で子どもたちと会話する。また、スポーツクラブの運営も行っている。

リノベーションスクールの参加者は、以下のように語る。

「リノベーションスクールに参加するまでは、本当に自分が開業するとは思ってもいませんでした。リノベーションスクールに参加したことで、自分で何かやろうという意志を持っている人とつながれます。」

## 活用例② カレー専門店「KWC」

第2回リノベーションスクールに参加した横田恭子氏は、2021年3月、大津駅近くの町家に、カレー専門店のKWCをオープンした（図5-20）。

横田氏は、元々、飲食店が利用しない時間を間借りしてカレーを提供していたが、第2回リノベーションスクールに参加し、カレー店の提案をしたことで、大津で開業するイメージができたとのこと。リノベーションスクールの対象物件を借りることはできなかったが、大津市職員が発掘した町家をリノベーションし、開業にこぎつけた。横田氏は、以下のように語る。

「リノベーションスクールに参加して、町家オフィスの職員や近所の人に

図5-20　KWCの外観・内観（撮影：稲場啓太）

助けてもらわなければ、オープンできていなかったでしょう。今後、この場所を面白いと思って、何かを始める仲間が増えるのを楽しみにしています。」

コロナ禍ではあるが、近所の人や遠方から訪れる人で賑わっている。

## 予想を超えた職員の動き「寺町BASE」

2021年4月、町家オフィスの職員が、個人的な活動として、「寺町BASE」を開設した（図5-21）。「ローカルカルチャーを新しいまちの日常へ」を実現する複合発信拠点として、大津駅前商店街の2棟の町家からなる合計約160 m$^2$のスペースを借り、半年間のリノベーションを経てオープンした。

1階には、海外から輸入したスケートボードを扱う滋賀県の専門店「6」が入居。その奥には、シェアキッチンがあり、大津で将来お店を出したい

図5-21　寺町BASEの外観（左上）／寺町BASEでの野菜販売（右上）／寺町BASE内のシェアキッチン（左下）／寺町BASEに入居する中川木工芸のランプシェード（右下）（撮影：稲場啓太）

料理人５組ほどが、日替わりで料理等を提供。もう１棟の町家の１階にはシェア工房があり、伝統的な技法を用いて桶を制作する中川木工芸が入居している。２階はシェアオフィスとして、ウェブデザイナーらが働く。

寺町 BASE は、「クリエイティブな人が集まり、躍動するまち」を掲げる。寺町 BASE を運営する藤原周二氏は、以下のように語る。

「自分のやりたいことを表現できる場所としていろんなチャレンジを応援しています。無限の可能性を見える形に変え、まちの中での自分の居場所として使ってほしいです。」

まさに、大津の地で「自分たちの暮らしを自分たちの手でつくる」という人々が集い、情報発信する空間となっている。

## 若者の参加・まちへのコミットメント・支える住民・つなぐ職員

このように大津市では、町家のリノベーションという形で、まちが変わり始めた。ポイントは４つある。

第一に、それまでの「中活計画」という枠組みの中では、まちづくりに関与することが少なかった若者が、リノベーションスクールをきっかけに、まちづくりに関与するようになったことである。そのことにより、歴史の息遣いの中に、新しい発想やデザインが融合して、町家のリノベーションが行われるようになった。

第二に、若者が児童クラブや飲食店等、自ら事業を行い、まちづくりに自分のリスクでコミットするようになったことである。町家ホテル等についても、同じである。それまでの中活計画では、公共事業頼みで、市民や団体は要望する側、市が事業を行う側という構図があった。しかし、自らリスクを背負いまちづくりにコミットする市民や事業者がいなければ、まちは決してよくならない。

第三に、若者や事業者の新しい挑戦を地域住民が支えていることである。これまで町家の保存に尽力してきた住民の活動が、それを活用する若者や事業者が出てきたことで、実を結んだ。また、新しくオープンしたお店に地域住民が訪れ、新しい交流の場が生まれている。

第四に、町家オフィスができ、職員が街中で縦横無尽に活動し、空き町家、地域住民、市内外の若者や事業者をつないでいることである。公共事業が主体ではまちづくりはできないが、行政がまちづくりを支える役割を果たすことは重要である。そして、市長はまちづくりの方向性を決めることはできても、日々、地域住民や若者と交流することはできない。それができるのは、やる気とアイデアのある職員である。

注

注 1：「大津まちなか大学大津百町おもてなし学部」講座資料参照。

注 2：2 期計画 7 頁。

# Case 6

# スマートシティをつくる

## ──自動運転・MaaS・デマンド型乗合タクシー・カーシェアリング

Outcome

Scheme

Issue

Action

Case 6

# 高齢化による公共交通の危機

## 高齢化による負のスパイラル

日本の人口減少と少子高齢化は、公共交通にも大きな影響を与えている。

高齢化が進み、団塊の世代が退職すると、通勤者が減る。少子化により、バスや電車で通学する学生も減っている。

日本全国の高齢化率（人口に占める65歳以上人口の割合）は、2020年現在29%。大津市は、2021年現在27%であり、全国平均とほぼ同じである。しかし地域によっては、高齢化率が50%を超える地域もある。

そして、そのような地域が、鉄道の駅や商業施設から離れた山間部に存在する。高齢者が自動車を運転すれば街中へ行くこともできるが、運転免許を返納してしまうと、買い物にも病院にも行けないという事態が生じる。

公共交通機関として、民間事業者の路線バスが運行されている地域もある。しかし、1日数本程度の運行で、1便につき数人しか乗客がいない路線も存在した。

地域によっては、住民が主体となって「バスに乗ろう」という運動を展開したが、乗車人数の顕著な増加は見られなかった。住民が自家用車で自分の好きな時間に好きな場所に行けることに慣れると、バスの本数が少なければ、不便に感じる。例えば、バスに乗って病院に行ったとしても、診察後、帰りのバスが1時間後まで来ないとなると、バスを利用しにくいというのが現実である。

そうすると、バスに乗る人が減り、その結果、バスの採算がとれなくなり、ますますバスの本数が減るという負のスパイラルに陥る。

## 運転士不足の深刻化

もう1つ大津市で大きな問題となったのが、バスの運転士不足である。

バスの運転には大型自動車第二種免許が必要であるが、運転士の高齢化が進み、運転士になろうという若者が少ない（**図 6-1**）。2019年現在、バス運転士中に占める60歳以上の割合は、21％である[注1]。2018年のバス運転手の全国平均年齢は51.2歳と、10年前に比べ4.4歳上昇した[注2]。

バス会社にとっては、バス路線の採算が取れないという問題に加え、バスの運転士不足によって、路線が維持できなくなっているのである。

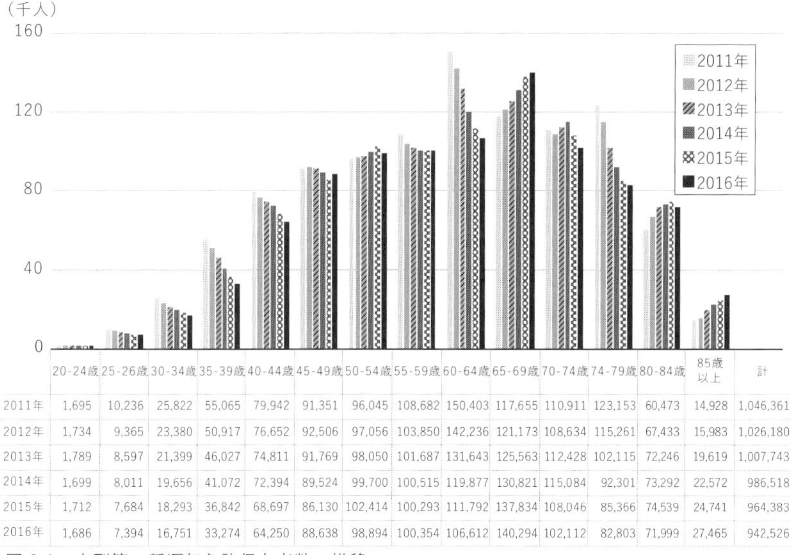


| | 20-24歳 | 25-26歳 | 30-34歳 | 35-39歳 | 40-44歳 | 45-49歳 | 50-54歳 | 55-59歳 | 60-64歳 | 65-69歳 | 70-74歳 | 74-79歳 | 80-84歳 | 85歳以上 | 計 |
|---|---|---|---|---|---|---|---|---|---|---|---|---|---|---|---|
| 2011年 | 1,695 | 10,236 | 25,822 | 55,065 | 79,942 | 91,351 | 96,045 | 108,682 | 150,403 | 117,655 | 110,911 | 123,153 | 60,473 | 14,928 | 1,046,361 |
| 2012年 | 1,734 | 9,365 | 23,380 | 50,917 | 76,652 | 92,506 | 97,056 | 103,850 | 142,236 | 121,173 | 108,634 | 115,261 | 67,433 | 15,983 | 1,026,180 |
| 2013年 | 1,789 | 8,597 | 21,399 | 46,027 | 74,811 | 91,769 | 98,050 | 101,687 | 131,643 | 125,563 | 112,428 | 102,115 | 72,246 | 19,619 | 1,007,743 |
| 2014年 | 1,699 | 8,011 | 19,656 | 41,072 | 72,394 | 89,524 | 99,700 | 100,515 | 119,877 | 130,821 | 115,084 | 92,301 | 73,292 | 22,572 | 986,518 |
| 2015年 | 1,712 | 7,684 | 18,293 | 36,842 | 68,697 | 86,130 | 102,414 | 100,293 | 111,792 | 137,834 | 108,046 | 85,366 | 74,539 | 24,741 | 964,383 |
| 2016年 | 1,686 | 7,394 | 16,751 | 33,274 | 64,250 | 88,638 | 98,894 | 100,354 | 106,612 | 140,294 | 102,112 | 82,803 | 71,999 | 27,465 | 942,526 |

図 6-1　大型第二種運転免許保有者数の推移（年齢構成別）

（出典：公益社団法人日本バス協会「日本のバス事業と日本バス協会の概要」（2017 年）5 頁「大型第二種運転免許保有者数の推移」に引用の警察庁運転免許統計）

Scheme Issue Action

Case 6

# 新たなモビリティの導入に向けた実証実験の展開

## 自家用車の代替となる交通手段の必要性

住民の高齢化とバス運転士不足は、大津市内の様々な地域で、公共交通の危機として現実化していた。

例えば、葛川地域では、乗降客の減少により、路線バスが減便となった。晴嵐台地域では、高齢化により、バス停から自宅までの坂道を歩いていくことが困難になり、バス停と自宅を結ぶ交通手段が必要との声が挙がった。志賀地域では、路線バスのない地域で住民主体の自家用車での運送が行われていたが、高齢化により住民が運転できなくなり、代替手段が必要とされた。

それぞれの地域ごとの人口、人口密度、鉄道駅やバス停までの距離等が異なることから、大津市では、一律に新しい交通手段を検討するのではなく、それぞれの地域ごとに、地域住民とともに検討を進めた（**図 6-2**）。

## 自動運転実施に向けた民間事業者との連携

高齢者の免許返納後の移動を可能にし、運転士不足を解消するための抜本的な解決方法は、自動運転である。そこで大津市では、京阪バス株式会社（以下、「京阪バス」という）とのバスの自動運転を行った。

まず 2018 年 6 月、大津市は、京阪バスとの「次世代型モビリティ（自

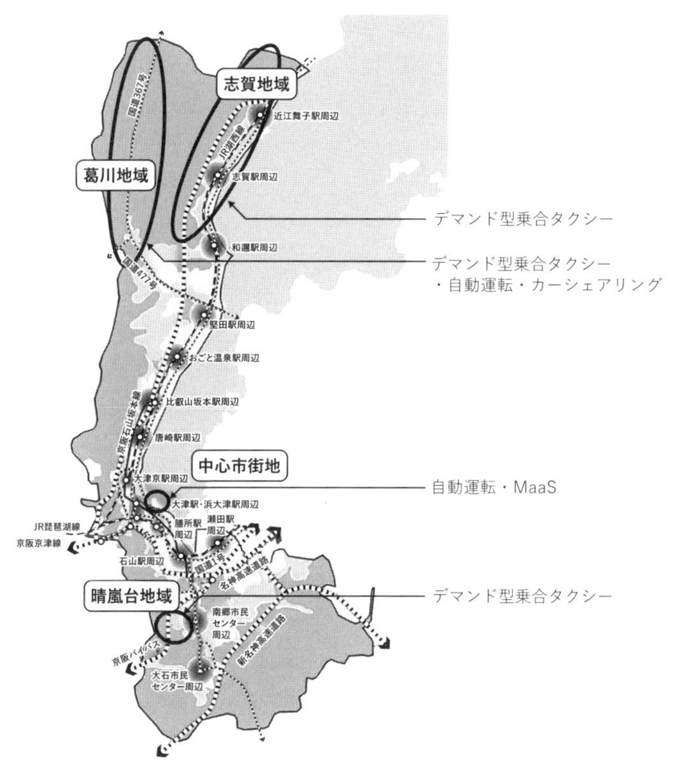


図 6-2　大津市における新たなモビリティの導入

（出典：大津市交通戦略室「第 3 回大津市自動運転実用化プロジェクト会議」（2019 年）4 頁を基に筆者作成／注：上記は筆者の市長在任中の導入状況であり、現在は、導入箇所が増加している）

動運転技術）の研究に関する協定書」を締結した。協定の目的は、①交通不便地域の移動手段の確保、②高齢者の外出機会の創出等の行政課題の解決、③自動運転技術を活かしたビジネスモデルの創出である。

大津市が、将来のさらなる高齢化に備え、自動運転の可能性を探っていたところ、大津市内でバスを運行している京阪バスも自動運転技術を活かした新たなビジネスモデルの検討を行っており、連携して進めることになった。

## 地元事業者との連携のメリット

このように地元事業者である京阪バスと自動運転を進められることは、大津市にとっては、非常に幸運であった。これは、京阪バスのようなサービス提供事業者が主体となった自動運転実用化に向けた日本で初めての取り組みであった。

スマートシティを進める上で、自治体にとって大きな課題になるのが、地元に新しいテクノロジーの企業が存在しないことである。例えば、AI、ドローン、自動運転の技術を持った事業者が、どの自治体にでも存在するわけではない。

それでも、AI等の技術であれば、事業者が常に現場にいる必要がなく、自治体が東京の事業者と連携しながら進めていくことも可能である。しかし、自動運転については、単なる実証実験を超えて実用化しようとする場合、当該自治体内に民間事業者が存在するか、または一定の拠点を有していなければ、自動運転を継続していくことは難しいであろう。

## 自動運転実用化プロジェクトの設置

大津市では、自動運転の実証実験を開始するに先立ち、「大津市自動運転実用化プロジェクト」を設置し、2018年11月、第1回の会議を開催した。

自動運転実用化プロジェクトの目的は以下の2点であり、構成員とその役割は、図6-3記載のとおりである。

① 自動運転技術を活かした新たな交通サービスによるネットワークの確保

② 自動運転実証実験

大津市と京阪バス以外に、学識者、警察、国、滋賀県等の多様な関係者に参加いただいた。

まず重要なのは、学識者が参加することである。大津市に限らず、自治

| | 役　割 |
|---|---|
| 学識者 | 技術面でのサポート、先進技術の紹介、<br>実証実験に関すること・技術課題へのアドバイス |
| 大津市 | 地域住民・各関係機関との調整 |
| 京阪バス<br>日本ユニシス | ビジネスモデルの検証・検討、<br>技術課題・サービス課題の検証・検討 |
| 警察 | 法規制・法緩和の情報提供、道路使用許可、<br>実証実験へのアドバイス |
| 国 | 国での取り組み、補助制度の紹介<br>実証実験・技術課題へのアドバイス |
| 滋賀県 | 大津市との連携、地域住民・各関係機関との調整、滋賀県での取り組み紹介 |

図 6-3　自動運転実用化プロジェクト構成員と役割
（出典：大津市交通戦略室「第 3 回大津市自動運転実用化プロジェクト会議」（2019 年）9 頁）

体には、自動運転の知識がない。職員は、この実証実験を開始して以降、自動運転の知識を習得したが、やはり専門家による検証は欠かせない。

次に、関係する行政機関が参加することである。具体的には、県道を管理する県や交通を所管する警察の参加は、必須である。また大津市では、自動運転等について、国土交通省や経済産業省の支援を得ており、国との連携のためにも、関係省庁の関係者に参加いただいた。

自動運転に限らず、AI やドローン等、新たなスマートシティの取り組みを始める際のポイントは、新しい取り組みだからこそ、失敗があり、試行錯誤しながらの検証が必要となるということである。そのような検証を公開の場で行い、市民に情報発信をし、新しいテクノロジーの導入に市民の理解を得ながら進めるために、プロジェクト会議は有効な場となる。

## 実用化を目指して実施した最初の実証実験

自動運転実用化プロジェクトでの検証を経て、2019 年 3 月、琵琶湖畔と大津駅の間で実証実験を行った（図 6-4）。

自動運転の実証実験の場所を人口減少が進む地域ではなく、街中に設定したのは、単なる実証実験を超えて、当初から実用化を目指し、ビジネスモデルとしての採算性も考慮されたからである。

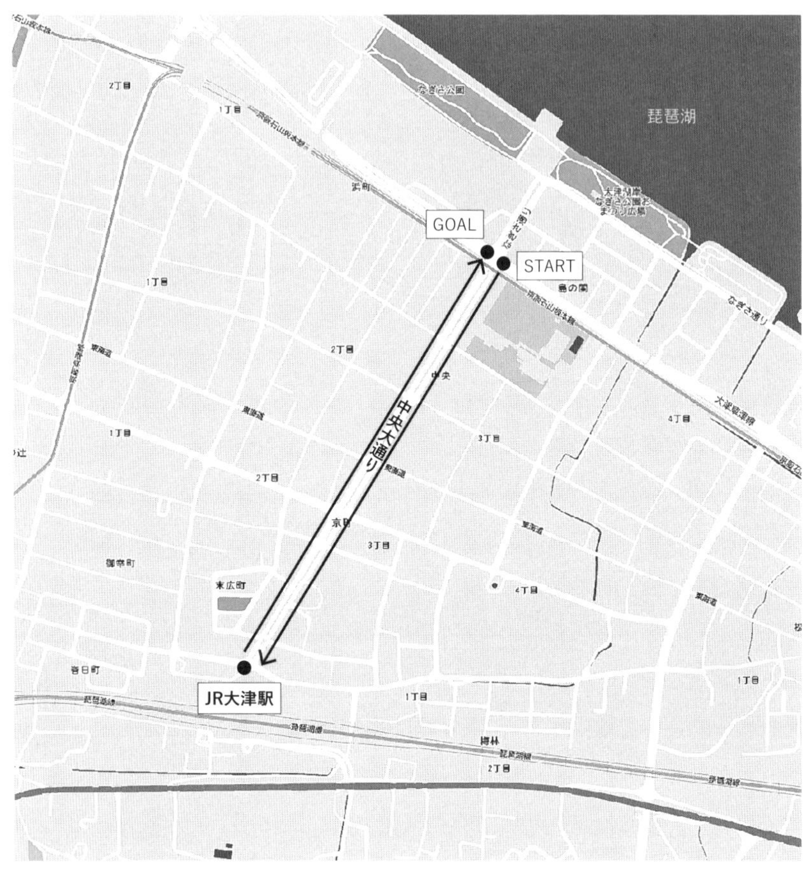


図 6-4　1 度目の実証実験の場所
（出典：大津市交通戦略室「第 3 回大津市自動運転実用化プロジェクト会議」（2019 年）13 頁を基に筆者作成。背景図は ©Google）

そして以下のとおり、実証実験の目的を明確にした。新しい技術だからこそ、事前に目的を設定し、事後に検証することが必要になる。

①　自動運転が地域に受け入れられるかを確認すること

②　実証実験したサービス（場所、内容）に対するニーズを確認すること

③　現時点で運営面・安全面・技術面での課題を確認すること

自動運転のレベルは、レベル 3 とした。レベル 3 とは、国土交通省のレ

図6-5　1度目の実証実験の様子
（出典：大津市ウェブサイト「越市長の市政日記」（2019年））

ベル分けによれば、条件付き自動運転を意味し、システムが全ての運転タスクを実施するが、システムの介入要求等に対してドライバーが適切に対応することが必要とされる。したがって、大津市の場合も、運転手が搭乗し、常に安全監視を行いながら、実験を進めた（**図6-5**）。

乗客は、住民を含め募集した。乗客のアンケートを実施し、前記3つの目的が達成できているか検証した。

例えば、自動運転バスが受け入れられるかについては、図6-6および図6-7記載の結果であった。

アンケート結果から、自動運転バスが一定、住民に受け入れられることが分かったため、次年度に向け、自動運転実用化プロジェクトを継続し、2度目の実証実験に向けて検討を進めた。



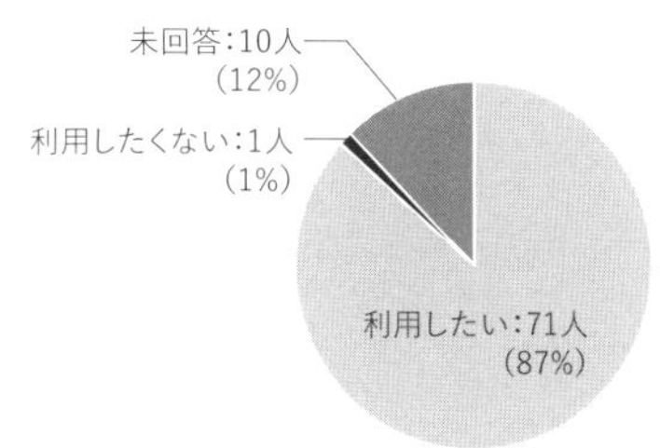


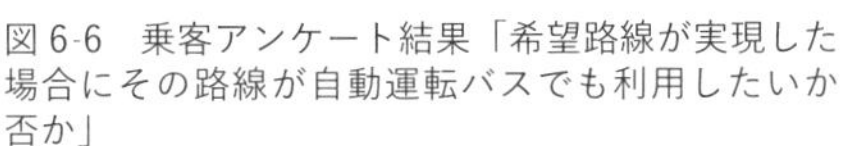

図6-6　乗客アンケート結果「希望路線が実現した場合にその路線が自動運転バスでも利用したいか否か」
（出典：大津市交通戦略室「第3回大津市自動運転実用化プロジェクト会議」（2019年）18頁を基に筆者作成）

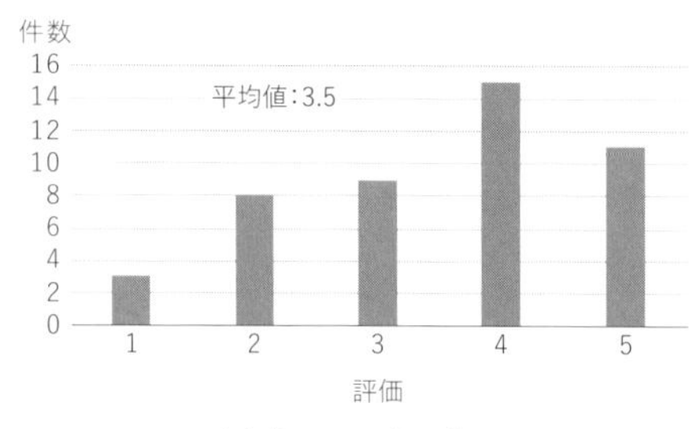


図 6-7　乗客アンケート結果「試乗後の安全性に対する 5 段階評価」
(出典：大津市交通戦略室「第 3 回大津市自動運転実用化プロジェクト会議」(2019 年) 19 頁／注：有効回答数 46 件)

## 区域とレベルを拡大した 2 度目の実証実験

2019 年 11 月には、2 度目の実証実験を行った。1 度目の実証実験との差異はまず、運転区域を拡大したことである (図 6-8、9)。経路に含まれる、琵琶湖ホテルとびわ湖大津プリンスホテルという 2 つのホテルを巻き込んで、地元住民だけでなく、観光客にも利用してもらうことができないかを検証した。

また、自動運転レベルは、1 度目と同じ最大レベル 3 としたが、ホテル駐車場でレベル 4 の実験を行った。レベル 4 とは、国土交通省のレベル分けによれば、特定条件下における完全自動運転を意味し、特定条件下においてシステムが全ての運転タスクを実施するものである。

2 度目の実証実験についても、乗客アンケートを行い、1 度目で設定した目的を達成できるか検証した。

例えば、自動運転バスが受け入れられるかについては、自動運転バスの走り方 (速度、ブレーキ、車線変更) について、約 80%の乗客が、「安全」または「少し安全」と回答した。また、実用化後の自動運転バスについて、約 80%の方が「使ってみたい」または「いずれ使ってみたい」と回答した。

このような結果から、住民からは自動運転がおおむね受け入れられたものと考え、今後の実用化を目指すことになった。

図 6-8　2 度目の実証実験の場所
（出典：大津交通戦略室「第 6 回大津市自動運転実用化プロジェクト会議」（2020 年）5 頁を基に筆者作成。背景図は ©Google）

図 6-9　実証実験に使用したバス

## MaaS アプリ「ことことなび」のリリース

2 度目の実証実験で新しく取り組んだのが、MaaS であった。

MaaS とは、Mobility as a Service の略で、地域住民や旅行者 1 人ひとりのトリップ単位での移動ニーズに対応して、複数の公共交通やそれ以外の移動サービスを最適に組み合わせて検索・予約・決済等を一括で行うサービスである[注3]。ICTを活用して交通をクラウド化し、モビリティを1つのサービスとしてとらえ、複数の交通サービスをシームレスにつなぐ。利用者はスマートフォンのアプリを用いて、交通手段やルートを検索、利用し、運賃等の決済を行う例が多い[注4]。

図6-10　ことことなびのスマートフォン画面

大津市では、京阪バス、京阪ホールディングス株式会社、および日本ユニシス株式会社とともに、観光MaaSアプリ「ことことなび」を配信した（図6-10）。ことことなびの利用範囲は、自動運転を行っている地域と観光地である比叡山を含むこととした（図6-11）。

使い方としては、住民や観光客は、ことことなびのアプリをスマートフォンからダウンロードする。アプリ内では、観光地にスムーズにアクセス可能な1日乗車券を入手できる。また、観光案内やルート検索機能、乗車券エリア内の観光施設等のクーポンを利用できる。さらにアプリを活用したスタンプラリーも実施した。

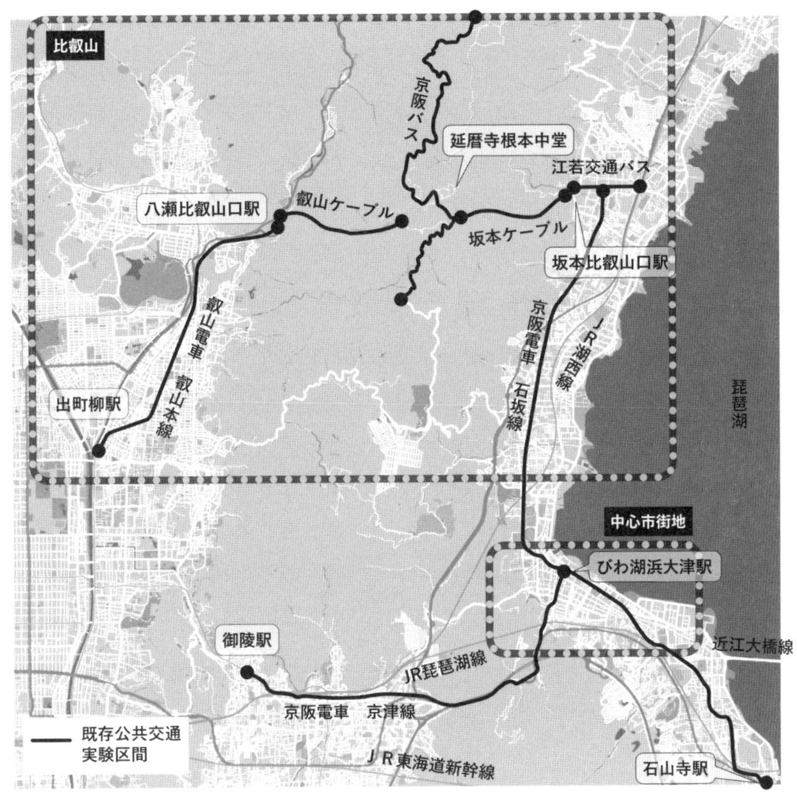


図 6-11　ことことなびの利用範囲
（出典：大津市 MaaS 推進協議会事務局「第 3 回大津市 MaaS 推進協議会会議資料」（2020 年）7 頁を基に筆者作成）

## MaaS を実施する 2 つの目的と成果



大津市がこの MaaS を実施した目的は、以下の 2 点である。

① 移動の利便性の向上

② 地域経済の活性化

第一に、移動の利便性の向上である。すなわち、住民が現在、自家用車を利用する理由として、行きたい場所に行きたい時間に行けるということがある。これに対して、公共交通では、待ち時間や乗り換えがあり、面倒だという感覚がある。そこで、MaaS アプリによって、より便利な乗り継ぎ方法や所要時間を提示したり、さらに、乗り継ぎ時間が生じた場合に回遊できる場所を提示したりすることによって時間を有効活用する等、公共交通の利便性を高め、利用を促進することができる。

第二に、地域経済の活性化である。ことことなびを通じて、利用者は観光施設や飲食店のクーポンを入手できる。利用者が単に公共交通を利用するだけでなく、クーポンによって周辺の施設や飲食店の利用が促進されることになる。

2019 年 11 月 1 日から同年 12 月 1 日に、ことことなびの実証実験をしたところ、結果は、ダウンロード数が 2,808 件、乗車券販売枚数が 1,398 枚となり、目標値としていたダウンロード数 2,000 件、乗車券販売枚数 1,000 枚を達成した。

この実験により、ことことなびの利用を通じて、市民や観光客の行動変容を生み出せることを検証できたため、次年度以降も、実験を実施することとした。

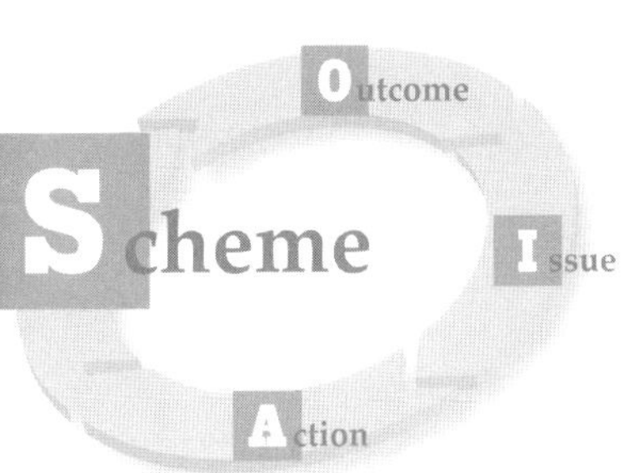


Case 6

# 新技術を実用化するための連携・検証体制

## 費用負担についての考え方

自動運転に限らず、新しいテクノロジーを導入する際に、問題となるのは、費用負担である。

大津市は、2回の実証実験それぞれについて300万円弱の負担金を支出した。自動運転バスのように従来民間で行われていたサービスについて、新たなテクノロジーを導入する場合には、民間の費用で行われるのが筋である。しかし、導入当初は、導入コストが大きく、民間事業者だけでは進まない場合もある。そこで、将来の採算性を見極めるために、期間を区切った上で公費を投入することも、スマートシティを進める上では1つの手法であると考えられる。

## 国と連携する多様な意義

新しいテクノロジーを導入する際に、国と連携する意義は、非常に大きい。大津市のMaaSや自動運転の実証実験では、国土交通省や経済産業省から補助金の交付や国立研究開発法人産業技術総合研究所を通じた委託事業としての実施を行う等の支援を受け、また、警察庁にも自動運転についての相談を行った。私自身も、国土交通省、経済産業省、警察庁等に足を運んだ。

第一の意義は、技術的支援と法的整理である。新しいテクノロジーについて、自治体レベルで全ての技術を理解することは現実的に困難である。特に、自動運転の場合は、自動運転の技術レベルを理解した上で、道路交通法等の法律との関係を整理する必要があり、このような法律解釈は、国レベルの問題となる。この点、自動運転の実証実験を行うにあたり、国土交通省自動車局「自動運転車の安全技術ガイドライン」（2018年9月）や警察庁「自動走行システムに関する公道実証実験のためのガイドライン」（2016年5月）が出される等、自動運転の実証実験を行うに十分な整理がなされていたことが大きかった。その後、2019年には、レベル3の自動運転を可能にし、また、自動運転車の安全を確保するために、道路交通法や道路運送車両法（レベル4まで対応）が改正された。さらに、改正後の道路運送車両法に基づいて、世界に先駆けてレベル3およびレベル4に対応した自動運転車の安全基準（2020年3月）が策定され、また、自動運転車の具体的な自動運転の公道実証実験に係る道路使用許可基準（2020年9月）が公表され、自動運転を行うための法的整備がさらに進んだ。

第二の意義は、国からの財政的支援である。前述のとおり、新しいテクノロジーの導入時には、民間の資金だけでなく、公費を投入することも1つの方法であり、この点、国からの財政的支援があることは、自治体の単費での支出を減らすことになり、その効果は大きい。

第三の意義は、上記の技術的支援や財政的支援が国から受けられることにより、新しいテクノロジーへの市民や市議会からの信頼が得られることである。これは実は、自治体がスマートシティを進める上では、大変重要なことである。例えば、自治体が自動運転を進めようとした場合、当然ながら、自動運転の技術的安全性も含め、市民や市議会への説明が必要になる。もし国のガイドラインがなければ、このような説明は自治体レベルでは不可能である。また、国からの財政的支援があることによって、「国のお墨付きがある」という新しい技術への信頼性が高まるという効果もある。

## 事故が起こった場合の検証体制

このように大津市では、実用化に向けて自動運転の実証実験を進めてきたが、私の市長退任後に、自動運転バスの事故があった。他都市においても、自動運転の事故により、実証実験がストップしたところもある。

今後、日本で自動運転を実用化するために、一番のキーポイントになるのが、事故が起こったときの対応であろう。上記のとおり、大津市の実証実験において、市民の自動運転に対する社会的受容性があることが明らかになった。しかし、これは事故が起こらない場合の「平時」の社会的受容性である。これに対して、事故が起こった場合の「有事」の社会的受容性をどのように確立していくのかが、今後の最大の課題である。

ここでは、大津市の実証実験での経験を基に、方策のポイントを２つ提言する。

### ポイント① 許容できる安全レベルの明確化

まずは、自動運転の安全性に対する認識の共有である。これは、国民全体で、自動運転の安全レベルをどのように考えるかという話である。

自動運転は、人間の運転に比べ、安全性が高いと言われるが、例えば、避けようのない飛び出しがあれば、事故は起こる。現在、日々不幸な交通事故が起こり人命が失われているが、自動運転によりどの程度安全性を高め事故を何％減らせるのか、国民がどの安全レベルを許容できるのかを議論し、できる限り明確にすることである。現在の状況であると、自動運転はゼロリスク、すなわち事故ゼロでなければ認められない雰囲気であるが、それでは自動運転の導入は進まないであろう。

### ポイント② 信頼性のある検証組織の設置

次に、信頼性のある検証組織の設置である。すなわち、事故が起こったときに誰がどのように事故原因を検証し、再発防止を行うかということである。これがなければ、事故後に、市民の信頼を得て、自動運転を再開することはできない。

例えば、アメリカにおいては、国家運輸安全委員会（NTSB：National Transportation Safety Board）が自動運転車による重大事故について調査を行い、事故報告書を公表し、将来の事故予防のための安全勧告を出す[注5]。

我が国においては、自動運転車の重大事故については、バス等の事業用自動車も含めて公益財団法人交通事故総合分析センターにおいて調査体制が整備され、今後検証されることとなる。しかし、自動運転の事故の検証は、従来に比べて極めて高度な技術的知見が必要となり、客観性があり国民からの信頼を得るためには質・量ともに相当の事故分析レベルの向上が必要となる可能性がある。そこで、航空・鉄道・船舶の事故調査を行う運輸安全委員会のように、国レベルでの自動運転事故の検証機関が必要になるのではないだろうか。

## 実証実験から実用化へ――失敗を許容できるか

全国で行われている自動運転が、今後、実証実験から実用化へとステップアップするための最大の課題は、自治体、事業者、そして市民が、「失敗を乗り越えられるか」という点にある。

特に、自治体には、「行政は間違ってはならない」という無謬性（むびゅうせい）がこれまで求められてきた。税金で事業を行うのであるから、当然である。一方で、新しいテクノロジーは、失敗を繰り返すことで発展する。スタートアップの聖地シリコンバレーで、「早く失敗しろ」と失敗が奨励される所以（ゆえん）である。このように、自治体とスタートアップは水と油の文化であり、お互いにどう融合できるか、そして、自治体が失敗を許容できるかというマインドセットの転換が求められている。

重要なのは、このマインドセットの転換を自治体職員のメンタリティの問題に帰着させるのではなく、失敗を許容できるシステムをつくることである。

第一に、失敗を検証し、市民に公表する制度である。大津市の自動運転実用化プロジェクト、および前述の国レベルでの検証機関の設置が、これに該当する。

第二に、予算の支出の工夫である。税金を支出して事業が失敗した場合、当然、市民や市議会から「税金の無駄遣い」という批判を浴びることになる。そこで、以下のような方策が考えられる。

1つ目は、自治体が予算を支出しないことである。例えば、大津市では、シェアリングエコノミーを推進する中で、民間事業者がシェア自転車事業を開始したが、撤退したことがあった。大津市も事業者に協力し、自転車の設置場所を提供したり、設置場所を提供してくれる地元事業者を探したりしていた。しかし、大津市からは補助金等の予算の支出がなかったため、事業者が撤退した際に、税金の無駄遣いと批判されることはなかった。自治体が、「場の提供」に徹するというのは、本来の自治体と民間事業者の役割分担を考えた際には、最も望ましい方法である。

2つ目は、予算を少額に抑え、少しずつ支出することである。前述のとおり、新しいテクノロジーの導入当初は、導入コストが大きく、民間だけでは進まない場合もある。そこで、公費を投入する場合には、失敗する可能性も考慮した上で、その金額を少額にし、事業の進捗を見極めながら支出することが考えられる。

3つ目は、自治体が民間事業者とともに、法人格を有しない協議会を設立し、協議会に対する負担金を支出する方法である。さらに進んで、自治体が民間事業者とともに、法人を設立し、法人に対する出資を行う方法も考えられるであろう。これは、失敗を許容すること以上に、予算の柔軟性を確保できるというメリットがある。すなわち、自治体が予算を支出する場合には、議会に対して、使途を定めて事前に予算を提出しなければならない。しかし、新しいテクノロジーの導入は、成功するかどうか分からず、またどの程度予算がかかるかも分からず、そもそも予算が提出できないこともある。これに対して、協議会や法人に対する支出であれば、その時点である程度の事業内容を示して議会の承認を得ることができる。ただし、これは裏を返せば、議会の十分なチェックが働かないことを意味し、かつての第三セクター破綻のような状況に陥らないために、最大限の注意が必要である。すなわち、協議会や法人の事業目的を明確化し、予算の上限を定め、事後的にも予算の使い方をチェックできる枠組みが求められる。

Case 6

# 「住民の足」の確保に向けた試行錯誤と課題

大津市では、自動運転とMaaSに加え、住民の交通手段の確保のために、以下の取り組みを行った。

## 山間部での自動運転

大津市は、国土交通省の山間地域における道の駅等を拠点とした自動運転サービスの2017年度公募型実証実験に応募し、葛川地域がフィージビリティスタディ[注6]を行う箇所に選定された。

前述のとおり、大津市の中心市街地においては、民間の自動運転バスの運行に際して、一定の乗客の利用が見込まれ、採算がとれる可能性がある。

一方で、葛川地域は、大津市と京都市の市境の山間部に位置し、2021年現在、人口223人。最寄りの堅田駅まで約20km。人口が少なく駅までの距離が長いため、自動運転であっても採算が見込めない。

そこで、道の駅「妹子の郷」を活用して、葛川地域と道の駅を結ぶ農作物の出荷のための貨客混載等、都市部とは異なるビジネスモデルのフィージビリティスタディが行われた。

そして、2019年3月には、内閣府および国土交通省による戦略的イノベーション創造プログラム「自動走行システム」における取り組みの1つとして、自動運転の実証実験が行われた。

## デマンド型乗合タクシー

志賀地域、晴嵐台地域および葛川地域においては、デマンド型乗合タクシーの導入を進めた。ここでいう「デマンド型乗合タクシー」とは、乗客が事前に予約をした上で、複数の乗客を同時に乗車させるタクシーを意味する。それぞれの地域の特性と導入の経緯は、図 6-12 記載のとおりである。

以下、それぞれの特徴を具体的に述べる。

### 志賀地域の特徴

志賀地域の運行区域は、図 6-13 記載のとおりである。

志賀地域においては、導入当初の 2015 年度、以下のような仕組みで開始した。

① 事前に利用者登録をする。

② 利用前日の午後 5 時までに予約の電話をする。

③ 自宅までタクシーが迎えに来て、目的地まで移動する。

④ 料金は大人 300 円から 1,500 円。

| | 志賀地域 | 晴嵐台地域 | 葛川地域 |
|---|---|---|---|
| 人口（2021 年） | 17,212 人※ | 1,271 人 | 223 人 |
| 地域の特徴 | 大津市北部に位置し市街化調整区域が広がる | 昭和 50 年代に開発された大規模団地 | 大津市と京都市の市堺に位置する山間部 |
| 最寄り駅との関係 | 南北約 15kmの地域に JR 湖西線 6 駅が存在 | 最寄りバス停まで 1km | JR堅田駅まで約 20km |
| 導入の経緯 | 路線バスが運行していない地域において、地域 NPOが移動支援事業を行っていたが、高齢化等により継続が困難になった | 住民がバス停まで歩いていたが、高齢化により、急な坂道を歩くことが困難となった | 2016 年、路線バスのダイヤ改正により 1 日 3 往復が 2 往復に減便となった |
| 開始時期 | 2015 年 10 月 | 2017 年 11 月 | 2016 年 7 月 |

図 6-12 地域特性とデマンド型乗合タクシー導入の経緯
（※：小松学区、木戸学区、和邇(わに)学区の合計人数であり、運行区域の人口と必ずしも一致しない）

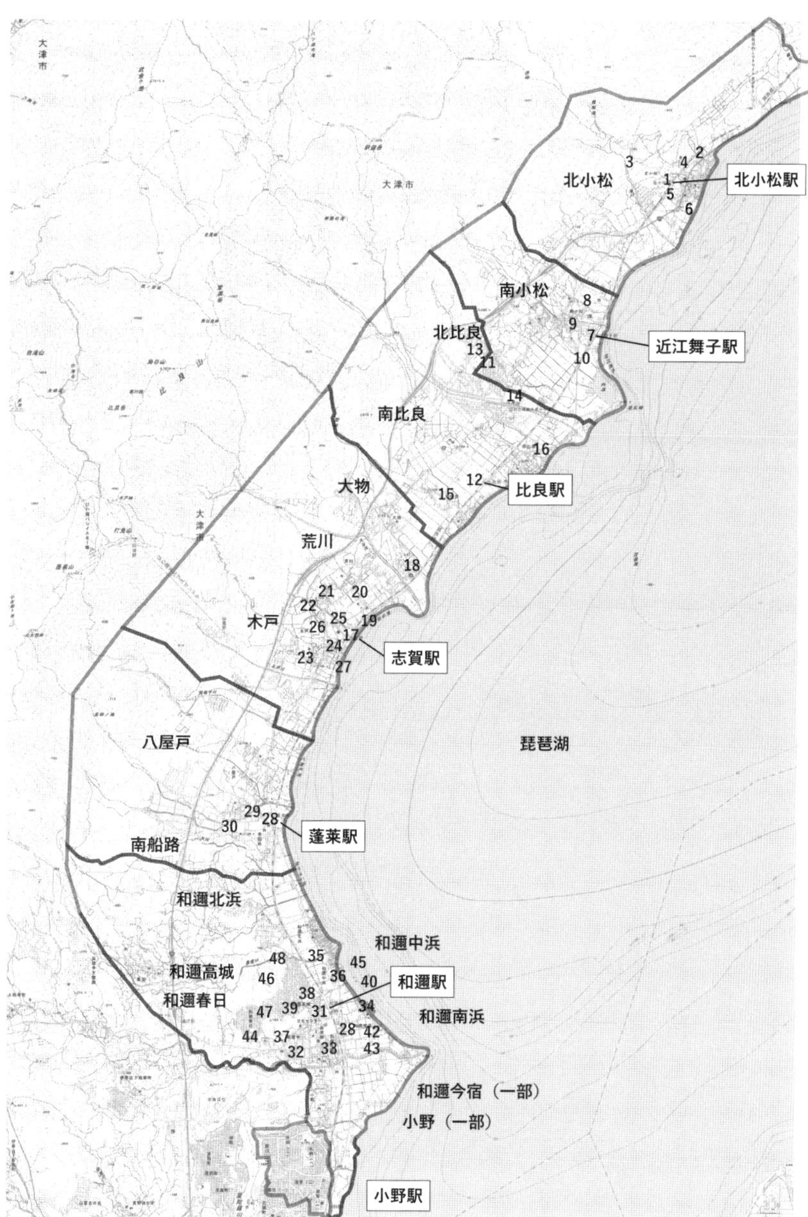


図 6-13　志賀地域の運行区域

（出典：大津市「志賀地域　のりあいタクシー『光ルくん号』利用案内」（2020 年）を基に筆者作成／注：番号は 2020 年現在の停留所を示す）

そして、利用者アンケートを重ね、より住民が利用しやすいように、予約方法、利用地域および利用料金等の改訂を重ねた。

事業主体は、地域公共交通の活性化及び再生に関する法律6条1項に基づき設立された大津市地域公共交通活性化協議会（以下、「活性化協議会」という）とし、実際の運行は、活性化協議会が地元のタクシー事業者に委託した。

予算については、大津市が活性化協議会に対して負担金を支出する。活性化協議会の2016年度予算のうち、志賀地域のデマンド型乗合タクシーにかかる予算は、470万円であった。そのうち、運行業務委託料が420万円、パンフレット作成等の事務費が50万円である。

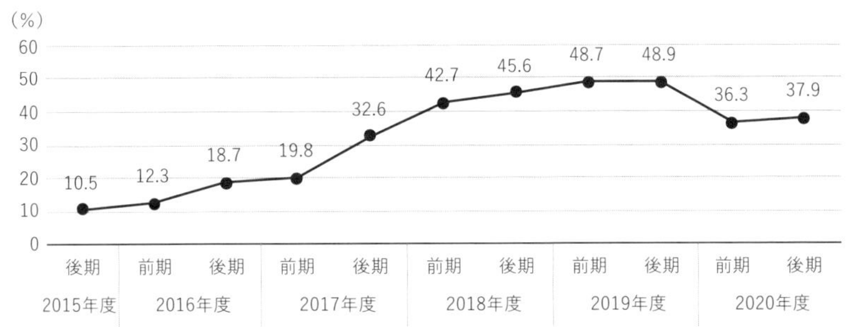


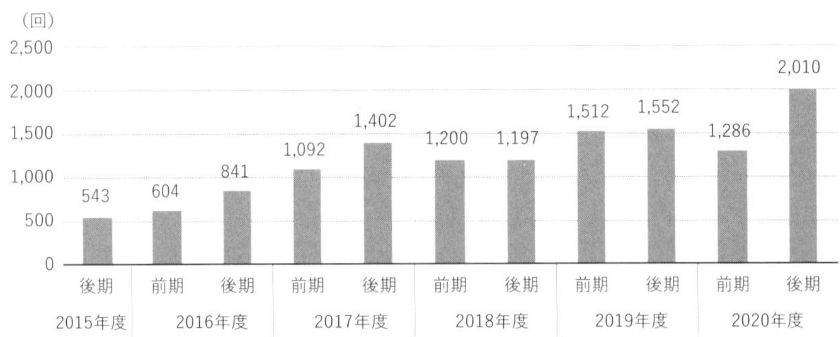


図 6-14　志賀地域の収益率（上）と乗車回数（下）

（出典：活性化協議会「令和3年度第1回大津市地域公共交通活性化協議会」（2021年）「令和2年度事業報告②志賀地域デマンド型乗合タクシー実証運行事業」における「収益率」および「乗車回数」を基に筆者作成／注：前期は4～9月、後期は10～3月。新型コロナウイルス感染症の影響により、2020年度の前期は収益率、乗車回数ともに減少していたが、運行日と運行区域拡大により、後期は乗車回数が大幅に増加。しかし乗合率にあまり変化がないため、収益率はやや回復にとどまっている）

ポイントは、市からの補助金頼みで運行を続けるのではなく、多くの住民に利用されることを目指した点である。すなわち、すべて補助金で賄うとなると、乗客が減っても同じ体制で運行が続き、改善がなされない。そこで、運行経費全体に占める運賃収入および広告料等の収入（収益率）が25%になることを目標とし、目標に達しない場合には、継続しないことを想定した。

結果としては、図6-14記載のとおり、収益率は上昇を続け、2019年度には50%近くとなった。当初の収益率25%の目標は、他の自治体の事例を参考にした上でより高い数値として設定したものであったが、それを上回る結果となった。

その理由としては、乗車回数が伸びていることからも分かるように、住民がより利用しやすい運行方法へと改善を続けたこと、さらに、業務委託費用等の削減に努めたことがある。

## 晴嵐台地域の特徴

晴嵐台地域の運行区域は、図6-15記載のとおりである。

晴嵐台地域においても、基本的な仕組みは志賀地域と同様である。晴嵐台地域においては、バス停だけではなく、住民がよく利用する場所として、地域のスーパー、病院、銀行等を停留所に追加した。

また、晴嵐台地域における収益率と利用者数は、図6-16記載のとおりである。

晴嵐台地域では、志賀地域と比較し当初から収益率が40%に達していた。理由としては、大規模団地内の住宅が近接しており、またバス停までの距離が1kmと短く、志賀地域と比較して運行費用を抑えられることが挙げられる。同じデマンド型乗合タクシーといっても、地域の特性によって収益率は異なるのである。

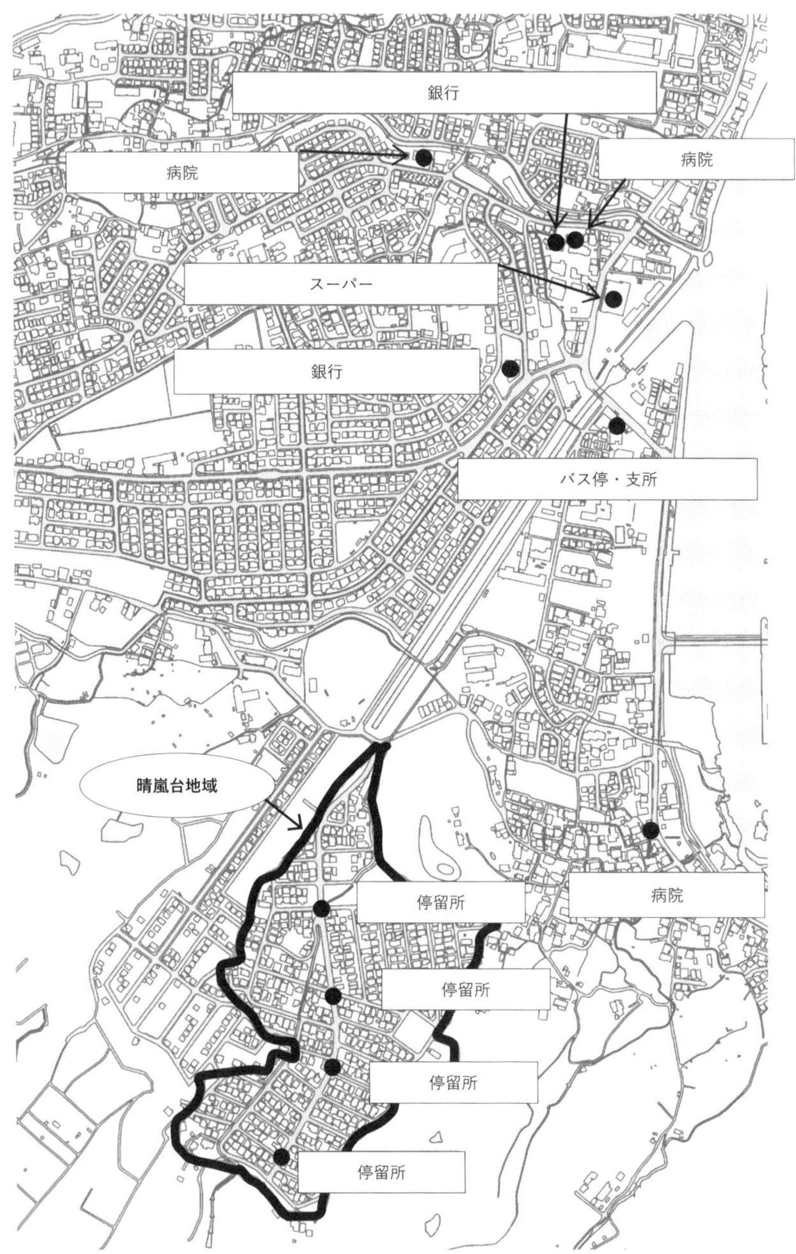


図 6-15　晴嵐台地域の運行区域
（出典：大津市「晴嵐台地域　のりあいタクシー『光ルくん号』利用案内（2021 年）」を基に筆者作成）

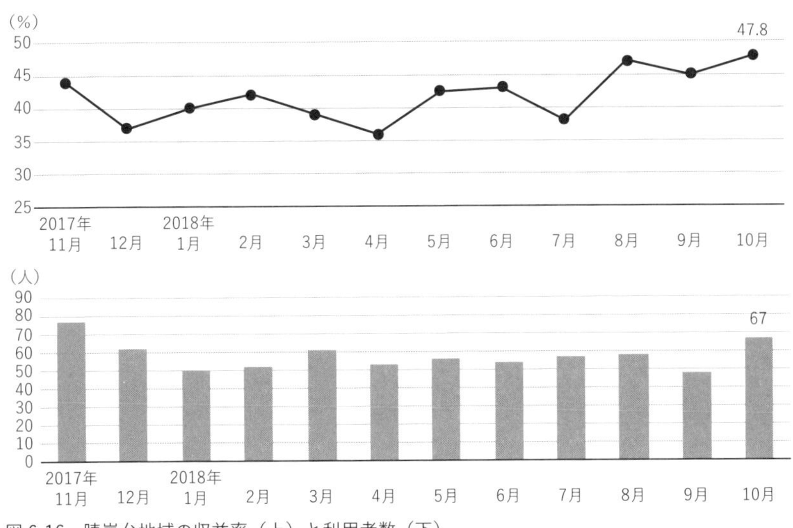


図 6-16　晴嵐台地域の収益率（上）と利用者数（下）

（出典：活性化協議会「令和元年度第 1 回大津市公共交通活性化協議会」（2019 年）「平成 30 年度事業報告④晴嵐台地域交通輸送サービス実証運行事業」における「収益率」および「利用者数」を基に筆者作成）

### 葛川地域の特徴

葛川地域の運行区域は、図 6-17 記載のとおりである。葛川地域においても、基本的な仕組みは志賀地域と同様である。

また、葛川地域における収益率と乗車回数は、図 6-18 記載のとおりである。葛川地域では、収益率が 17% から 30% に上昇したが、志賀地域や晴嵐台地域の収益率には達しなかった。これは、駅までの距離が約 20 km と長距離であるため、運行経費が高くなるためである。

## デマンド型乗合タクシーの利点と課題

大津市では、交通不便地にデマンド型乗合タクシーを導入したが、それは、以下のようなメリットがあったからである。

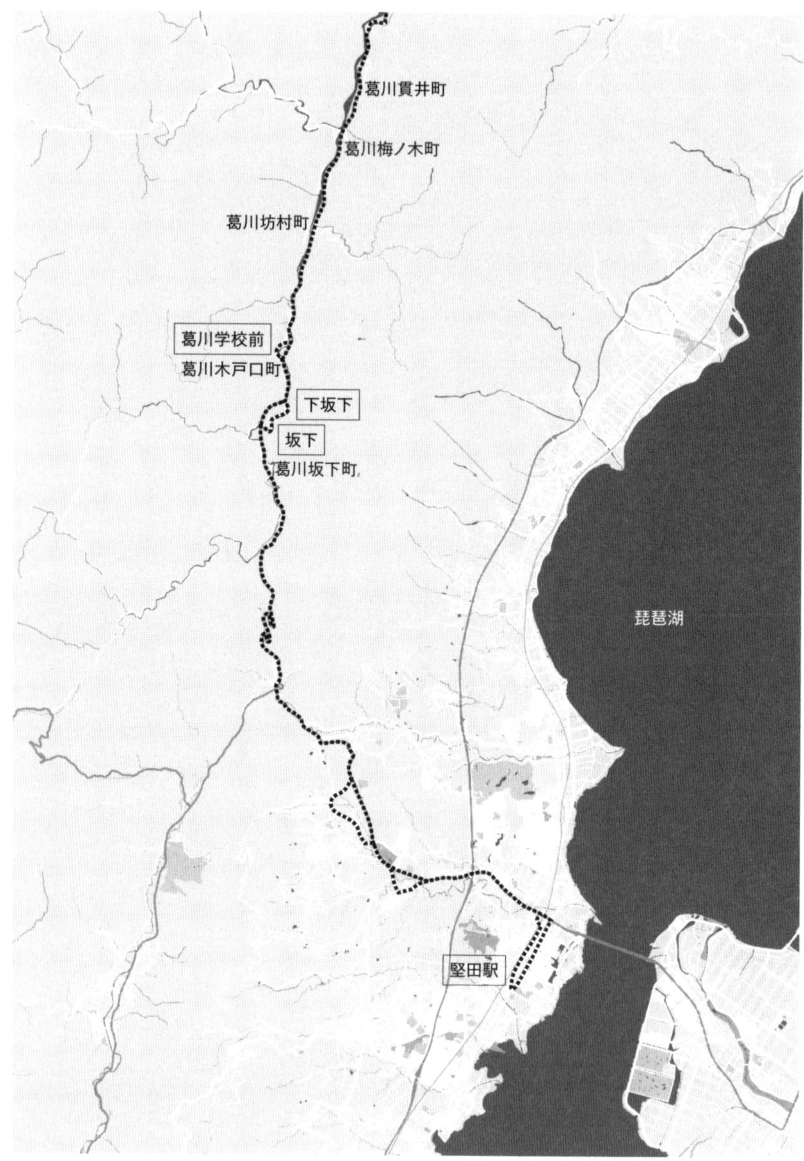


図 6-17　葛川地域の運行ルート

（出典：活性化協議会「平成 28 年度第 2 回大津市地域公共交通活性化協議会」（2017 年）「参考路線図」を基に筆者作成。背景図は ©Google ／注：2016 年当時のルート）

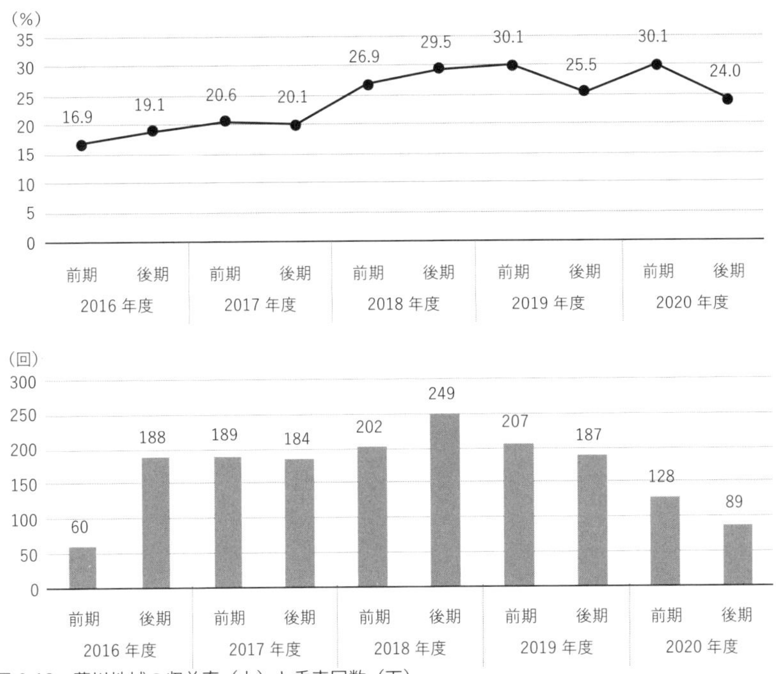


図 6-18　葛川地域の収益率（上）と乗車回数（下）

(出典：活性化協議会「令和 3 年度第 1 回大津市地域公共交通活性化協議会」(2021 年)「令和 2 年度事業報告③葛川地域デマンド型乗合タクシー実証運行事業」における「収益率」および「乗車回数」を基に筆者作成／注：前期は 4 月～ 9 月、後期は 10 月～ 3 月。2020 年度後期の乗車回数は、10 月～ 1 月の合計。2020 年度は新型コロナウイルス感染症の影響により、乗車回数が減少)

### メリット①　法的整理が容易である

道路運送法上、タクシー事業者が乗合で運送することは、3 条 1 号イの一般乗合旅客自動車運送事業の許可（4 条 1 項）を受けて行うことができるほか、21 条 2 号の「一般乗合旅客自動車運送事業者によることが困難な場合において、一時的な需要のために国土交通大臣の許可を受けて地域及び期間を限定して行うとき」に該当するものとして地域および期間を限定して実証実験により行うことも可能である。

また、大津市では、活性化協議会を事業主体としたが、道路運送法 9 条 4 項により、「地域における需要に応じ当該地域の住民の生活に必要な旅客輸送の確保その他の旅客の利便の増進を図るために乗合旅客の運送を行う場合」において、関係者間で協議が調ったときは、運賃等の設定等について届出で足りることになる。

後述のとおり、いわゆる「白タク」が法律上認められない中で、乗合タクシーについては、明確な法的整理がなされている。

### メリット② 利用者の利便性に資する

利用者にとってバスと比較したデマンド型乗合タクシーのメリットは、その設計にもよるが、①バスの時間に合わせることなく、自分の外出したい時間に外出できること、②バス停まで歩かなくても家またはその付近までタクシーが迎えに来ることが挙げられる。

### メリット③ 経費が抑えられる

葛川地域ではバスが減便され、デマンド型乗合タクシーを開始した。葛川地域における2018年度の運行業務委託料は、112万円である。バスが減便される前は、大津市がバス会社に対して補助金を支払っていたが、補助金の額と比較し、デマンド型乗合タクシーの運行業務委託料は大幅に少ない。結果として、バスからデマンド型乗合タクシーに移行することにより、市の負担も減少した。

### メリット④ 事業者との軋轢(あつれき)が少ない

実務上、大きな利点としては、地元のタクシー事業者との軋轢が少ないことが挙げられる。後述のとおり、住民自らが運転を担うライドシェアやそれに近い形態を実施する場合には、タクシーと競合することになり、地元のタクシー事業者が反対することがある。そして、単に反対というだけでなく、地元のタクシー事業者が、大津市の活性化協議会のように、地域公共交通の活性化及び再生に関する法律6条1項に基づく協議会の法定の構成員となっている場合には、当該協議会の計画や事業自体が進まない事態も生じうる。

これに対して、デマンド型乗合タクシー事業を地元のタクシー事業者に委託する場合には、そのような軋轢が少なく、スムーズに事業を進めることができる。

このようにデマンド型乗合タクシーはその利点が大きく、導入も容易であることから、私の市長退任後も、大津市での運行地域はさらに拡大している。

一方で課題としては、大津市では、乗客の利便性に資する運行体制の改善と業務委託費用等のコストの削減を行い、収益率が50%近い地域もあるが、完全に市の負担なしで運行するのは困難である。そこで、新たな交通手段として、コミュニティ・カーシェアリングを開始することとした。

## コミュニティ・カーシェアリングの仕組み

大津市は、2019年7月、一般社団法人日本カーシェアリング協会との間で「コミュニティ・カーシェアリングの普及促進に関する連携協定」を締結し、葛川地域において、コミュニティ・カーシェアリングを開始した。コミュニティ・カーシェアリングは、地域コミュニティで車をシェア（共同利用）する活動である。東日本大震災の後、石巻市の仮設住宅で始まり、大津市は、関西における初めてのケースとなった（図6-19）。

コミュニティ・カーシェアリングの仕組みは以下のとおりである。

① 地域コミュニティで「カーシェア会」を設立し、自動車を共同で所有またはリースする。

② カーシェア会の会員が、ドライバーや予約等の役割を担う。

③ カーシェア会の会員が、自動車を乗合で利用し、外出する。

図 6-19　コミュニティ・カーシェアリングの写真
（提供：一般社団法人日本カーシェアリング協会）

## カーシェアリングの法的整理と課題

このカーシェアリングの仕組みのポイントは、いわゆる「白タク」に該当しないように設計することである。

道路運送法 78 条は、自家用自動車は有償で運送の用に供してはならないと規定する。海外では、Uber や Grab 等のライドシェアサービスが定着し、一般ドライバーが配車アプリを利用し乗客を運送している。これは、乗客が一般ドライバーに対して運送の対価を支払うことになるため、「有償で」自家用自動車を運送の用に供したことになり、日本では認められない。

コミュニティ・カーシェアリングが異なるのは、ドライバーは無報酬で活動する点である。したがって、「有償」とはならない。また、車両の利用に要したガソリン代等の経費についても、固定の料金をあらかじめ定めて支払うのではなく、精算時に分担額を確定して共同使用者で平等に分担を行う仕組みとしている。さらに、利用者は、カーシェア会を通して自ら車両の共同利用者として自動車の利用権限を持っており、ドライバーは運転行為の提供のみを行うことにより、「自家用自動車を運送の用に供する」のではなく、運転代行と解することもできる。したがって、道路運送法に違反しないこととなる。

この仕組みの一番の課題は、ドライバーが報酬を受け取れないことにある。ボランティアで運転するドライバーが見つからなければ、仕組み自体が成り立たない。また、ボランティアでドライバーを引き受ける住民がいたとしても、ドライバーの負担が重くなりすぎると、続かない。

翻って考えれば、道路運送法78条の改正、すなわち「白タク」規制の撤廃や緩和をするか否かという問題に帰着する。これまで、タクシー事業者等の反対があり、自家用有償旅客運送登録制度や国家戦略特区等の非常に限定的な例外しか認められてこなかった。しかし、急激な人口減少と高齢化が進み、鉄道やバスといった公共交通を維持することが困難となる中、自治体の補助金頼みではない持続可能な移動手段の確保が急務である。地域住民の足を確保するために、道路運送法78条の改正に正面から取り組むべき時期に来ている。

## テクノロジーによる地域課題解決

大津市では、将来の「住民の足」の確保のための自動運転の実証実験を行うとともに、すでに顕在化した公共交通の危機に対応するために、地域に即した新しいモビリティを導入した。

自動運転とMaaSについては、民間事業者と大津市が役割分担することにより、新しい移動手段の確保へ踏み出し、市民からも期待の声が寄せられた。また、デマンド型乗合タクシーの導入では、行政が収益率という目標を設定することにより、常にサービス改善とコストカットを行い、住民がより利用しやすい持続可能な交通手段へと進化させることができた。

一方、市長退任後、新型コロナウィルス感染症の影響もあり、大津市が補助金を支出し維持されていたバス路線の一部が、廃止された。これは、大津市に限ったことではない。新型コロナウィルス感染症の影響により、鉄道やバスの利用者が激減し、鉄道会社やバス会社が利用者の多い地域で生み出された利益で過疎地の赤字を補うという内部補助のビジネスモデルが限界に直面している。住民や自治体としては、10年後のものと思っていた公共交通の危機が、前倒しで一気に顕在化した。

住民の立場からは、これまであった公共交通の廃止に対しては、大変大きな不安がある。しかし、これまでの公共交通に頼っているだけでは、①住民は鉄道やバスの本数が減り行きたいときに行きたい場所に行けない、②事業者は赤字が膨らむ、③自治体は赤字路線を維持するための補助金の負担が増加する、という誰も満足しない状況は改善できない。

危機時であるからこそ、テクノロジーを使って、新しいモビリティの可能性を探らなければならない。新しいテクノロジーは、失敗し実験を重ねてこそ、発展する。私たちの社会が、リスクや失敗を許容しながら、前に進むことができるかが試されているのである。

注

注1：公益社団法人日本バス協会「2020年度版（令和2年度）日本のバス事業」（2021年）99頁。

注2：産経新聞ウェブサイト「若者敬遠、老いるバス運転手　人材不足で路線縮小も」（2019年7月23日）<https://www.sankei.com/article/20190723-E54XFH6PQZNZ5JNNWO6TVL3KPA/>（2021年8月11日最終閲覧）。

注3：国土交通省ウェブサイト「日本版MaaSの推進」<https://www.mlit.go.jp/sogoseisaku/japanmaas/promotion/index.html#home03>（2021年8月11日最終閲覧）。

注4：国土交通政策研究所長 露木伸宏「MaaS（モビリティ・アズ・ア・サービス）について」『国土交通政策研究所報第69号2018年夏季』2頁<https://www.mlit.go.jp/pri/kikanshi/pdf/2018/69_1.pdf>（2021年8月11日最終閲覧）。

注5：戸嶋浩二・佐藤典仁編著『自動運転・MaaSビジネスの法務』中央経済社（2020年）34頁。

注6：フィージビリティスタディとは、一般的には、新規事業についての実行可能性調査をいうが、国土交通省の実証実験においては、ビジネスモデルのさらなる具体化に向けた机上での検討を行う箇所とされた。

Case 7

# 行政 DX を推進する

――AI いじめ深刻化予測を中心に

Case 7

# 行政課題解決のためのエビデンスの必要性

## 行政におけるデジタル化の遅れ

新型コロナウィルス感染症の世界的な流行の中で、諸外国との比較において、日本の行政におけるデジタル化の遅れが明らかになった。例えば、10万円の特別定額給付金の給付やワクチン接種においては、国のマイナポータルや予約システムの問題が指摘された。そもそも、申請や接種券の交付という手続きを経ずとも、給付金の給付やワクチン接種ができるような仕組みが整備されていない。デジタル庁も創設される中、行政のデジタル・トランスフォーメーション（DX）の必要性が急速に高まっている。

また、自治体においても、証拠に基づく政策立案（EBPM）[注1]が求められる中、政策立案の根拠となる自治体の保有するデータを分析し活用することが必要である。

本章では、大津市で取り組んだAIを用いたいじめ深刻化予測の事例を用いて、自治体の業務に新しいテクノロジーを取り入れる際の進め方とポイントを解説する。また、末尾において、大津市で取り組んだ行政DXの参考となる事例をいくつか紹介する。

## 大津いじめ事件の反省

2011年10月11日、大津市立中学校に通う2年生の男子生徒が自ら命を絶った。私はその後、2012年1月、市長に就任し、同年8月、第三者調査委員会を立ち上げ、調査を行った。

その結果、いじめが自殺につながる直接的要因になったことが明らかになり、学校や教育委員会の対応の問題点も明らかにされた。生徒が亡くなる前の問題点として、教員がいじめの認知に対して消極的だったこと、さらに、教員間で情報共有が実現しなかったことが挙げられた。

そこで、大津市では、再発防止策として、2013年度から大津市立小中学校に、いじめを専門に扱ういじめ対策担当教員を配置した。それとともに、各学校が、いじめまたはその疑いを発見した場合には、24時間以内に「いじめ事案報告書（以下、「いじめ報告書」という）を教育委員会に提出することとした。

## いじめ報告件数の急増

このような対策の結果、大津市では、いじめ報告件数が大幅に増加した（図7-1）。

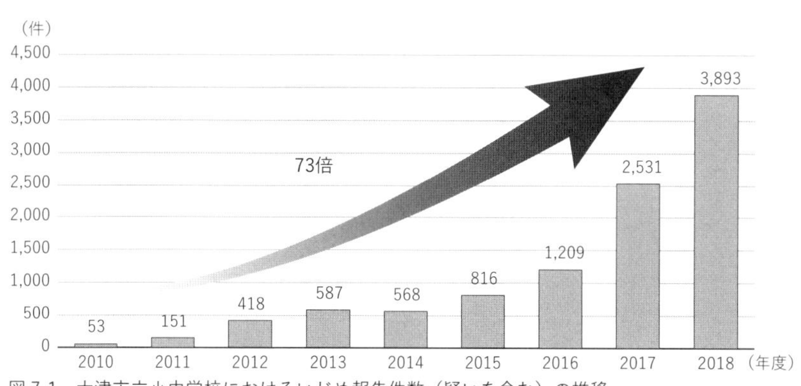


図7-1　大津市立小中学校におけるいじめ報告件数（疑いを含む）の推移

（出典：大津市教育委員会「AIを用いたいじめ事案の予測分析について」（2019年）3頁「小・中学校いじめ報告件数（疑い含む）の推移」を基に筆者作成）

中学生が亡くなる前の2010年度、大津市立小中学校におけるいじめ報告件数の合計は53件であった。大津市立小中学校が55校あるため、1年間で、1校について1件しかいじめを発見していなかったことになる。多くのいじめが見逃されていたのである。

これに対し、2018年度においては、いじめの疑いを含むいじめ報告件数の合計が3,893件となり、2010年度と比較し、いじめの発見件数は、73倍となった。

## いじめを発見した後の対応における課題

私は、いじめ報告件数が増加することは悪いことではなく、むしろこれまで見逃してきた多くのいじめを発見するようになったと捉えていた。

しかし、新たな課題も浮上した。それまでいじめを発見すらしていなかったため、いじめに対応する機会も少なかった。いじめの早期発見が進むようになると、発見したいじめに対してどのように対応し解決すればよいかが問題となったのである。

例えば、いじめを発見した後、若手教員が経験不足により、いじめを止める十分な対応ができないこともある。また、ベテラン教員であっても、経験や勘に頼り、誤った対応をすることもある。発見したいじめに的確に対応できなければ、教師は子どもからの信頼を大きく失う。

大津市教育委員会では、教職員がどのようにいじめ事案に対応していくのかについて、いじめ対処のマニュアルや手引きを作成したり、教員に対するいじめの階層別研修を行ったりしていた。マニュアルや手引きでは、いじめの認知、初期対応、解決へのアプローチと段階ごとの対応方法等が示されていたが、これまでのいじめ事案を網羅的に分析したわけではなかった。いじめ報告件数が増加する中で、現場で日々起こっている事案に即したさらなる対策が求められていた。

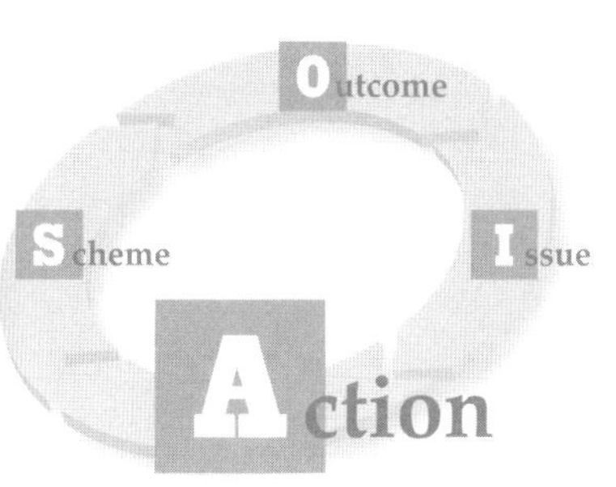


Case 7

# AIによる分析の開始

## いじめ報告書の活用の可能性

いじめ報告書は、いじめの報告件数が増加するに伴い蓄積され、2013年度から2018年度までの間で、約9,000件の事案について、いじめ報告書が作成された。いじめ報告書には、図7-2記載の情報が記載される。

これらは、いじめ対応を決定する上で、非常に有用なデータである。しかし、教育委員会で分析するにはデータ量が膨大すぎて、網羅的な分析ができていなかった。

そこで、AIを用いて、いじめ事案のデータを分析し、新たないじめ事案が起こった場合の傾向を予測し、対応や注意すべき点を示すことで、教員の日々のいじめ対応に役立てることができないか、検討を開始することにした。

## 民間事業者との連携と新たなテクノロジーを用いる場合の特性

AIで分析するとしても、市役所には、そのような知見も技術もない。

そこで、2019年3月、株式会社日立システムズ（以下、「日立システムズ」という）と包括協定を締結し、いじめ事案のAIによる分析と予測をはじめとしたデータ分析の実証実験等の連携・協力を行うこととなった。

市役所に知見や技術がない取り組みを行う場合、民間事業者との連携が

大津市教育委員会事務局　児童生徒支援課　担当　宛　　No.　-

いじめ事案報告書　　認知日　　平成　年　月　日（　）

| 速報 | 月　日（　） | 続報 No. | 月　日（　） | 続報 | 月　日（　） |
|---|---|---|---|---|---|

| 学校 | 校長 | 記載者 |
|---|---|---|

|  |  |
|---|---|
| 1 事件発生日（不明の場合は確認日） | 平成　年　月　日（　） |
| 2 発覚の経緯（把握のきっかけ1つ） | 教員の気付き→／アンケートから<br>被害者本人から→／他の児童生徒から→<br>被害保護者から→／その他→ |
| 3 主な発生場所 主な発生時間帯 | 場所／時間帯 |
| 4 事業に関わる者 | 加・被／学年／組／氏名　ふりがな／性別／被害件数／加害件数 |
| 5 事案の概要（5W1H） | |
| 6 いじめの態様（複数選択可） | 1 冷やかしやからかい、悪口や脅し文句、嫌なことを言われる。<br>2 仲間はずれ、無視をされる。（菌タッチ等）<br>3 軽くぶつかられたり、遊ぶふりをして叩かれたり蹴られたりする。<br>4 ひどくぶつかられたり、叩かれたり、蹴られたりする。<br>5 金品をたかられる。<br>6 金品を隠されたり、盗まれたり、壊されたり、捨てられたりする。（靴隠し等）<br>7 嫌なことや恥ずかしいこと、危険なことを、されたりさせられたりする。（落書き等）<br>8 パソコンや携帯電話等で、誹謗中傷や嫌なことをされる。（LINE、Twitter 等）<br>9 その他（　） |
| 7 被害者の状況（複数選択可） | **1 登校している。**<br>**2 事案以後欠席あり。（欠席日数　／　課業日）**<br>3 精神性の疾患を発症している。または、その疑いがある。<br>4 身体に障害を負っている。<br>5 金品等に被害を被っている。<br>6 自殺を企図した。または、そのおそれがある。<br>7 その他（　） |
| 8 事実確認の方法（複数選択可） | 聴き取り／アンケート調査／その他（　） |
| 9 指導内容（複数選択可） | **①被害児童生徒へのケア**／**③被害側保護者説明**／**⑤教員間による方針の共通理解・確認**<br>**②加害児童生徒へのケア**／**④加害側保護者説明**<br>⑥周囲の児童生徒への指導／⑧関係機関への連絡・相談（　）<br>⑦学級、学年、部活動等への全体指導 |
| 10 いじめ対策委員会（本事案について） | ①　月　日　：　－　：／④　月　日　：　－　：<br>②　月　日　：　－　：／⑤　月　日　：　－　：<br>③　月　日　：　－　：／⑥　月　日　：　－　： |

図 7-2　いじめ報告書のサンプル

（出典：大津市教育委員会「AIを用いたいじめ事案の予測分析について」（2019 年）9 頁「いじめ事案報告書」）

必須だが、いくつか留意すべき点がある。

まず、新しいテクノロジーを使った初めての取り組みにおいては、何ができるかが事前に明らかではない。本件においても、いじめ報告書のデータから、どの程度有用な結果が導き出せるかは、分析を始めてみなければ分からなかった。

したがって、これまでの自治体の情報システムの発注のように仕様書を作成し、入札するという手続きはとれない。また、予算についても、自治体では議会に予算を提出し議会の議決を経た上で予算を執行するが、あらかじめ、どの程度の予算を見積もればよいかも分からない。

そこで、まずは、自治体が民間事業者と連携協定や秘密保持契約を締結した上で、実証実験として、費用を要しない範囲で、開始することが必要となる。実証実験を実施した上で、事業の進捗が可能であれば、必要な予算を確保しながら、徐々に事業を拡大するのがよい。新たなテクノロジーを用いた取り組みには、これまでの自治体の「予算成立→入札→予算執行」という硬直的な手続きではなく、柔軟な対応が求められるのである。

また、大津市では、いじめ事案のAI分析に際して、教育研究者からなる有識者会議を設置した。専門的見地からAI分析の手法や結果について考察し、新たな取り組みに対して助言するためである。このように、新たな取り組みを行う場合には、専門的な助言を得ることが有用であり、また市民や議会に対する説明責任を果たすためにも有効である。

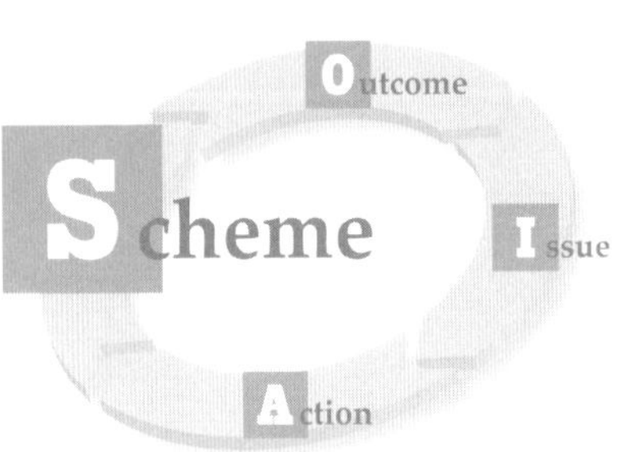


Case 7

# AI 分析のプロセスと結果

## 予測分析のプロセスとテーマ選定

大津市が日立システムズと協定を締結した後、教育委員会、日立システムズ、有識者会議等で何をどのように進めるかを検討した。

その結果、予測分析のプロセスは、図 7-3 記載のとおりとなった。

また、いじめに関する様々なデータがある中で、何をテーマとしてデータを抽出し分析するかについては、「深刻化事案」を対象とすることにした。いじめ報告件数が急増する中で、まずは深刻化事案に対応することが喫緊の課題であったからである。

「深刻化事案」とは、解決まで多くの時間を要した事案や、被害児童・生徒の欠席が続いた事案であり、全体の約 10%を占めていた。

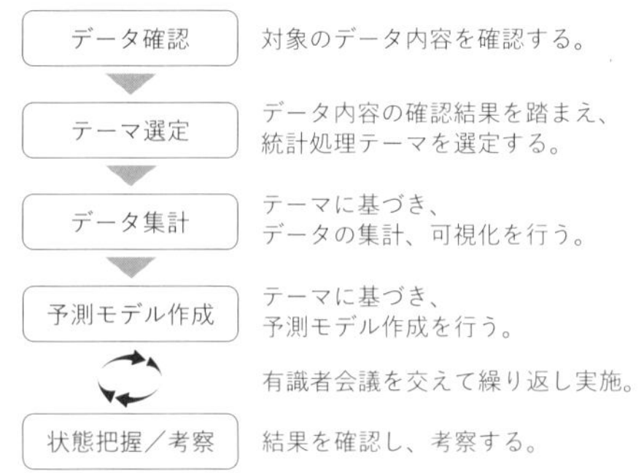


図 7-3　予測分析のプロセス
（出典：大津市教育委員会「AI を用いたいじめ事案の予測分析について」（2019 年）8 頁「予測分析のプロセス」）

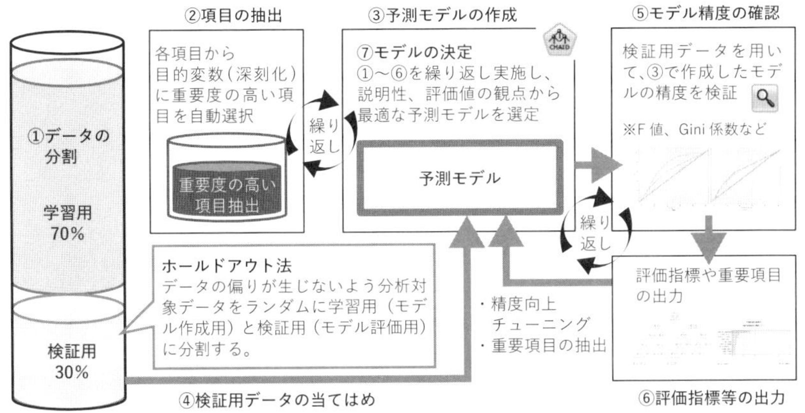


図 7-4　AI 活用による深刻化事案の予測技術検証と活用イメージ
（出典：大津市教育委員会「AI を用いたいじめ事案の予測分析について」（2019 年）14 頁「AI 活用による深刻化事案の予測技術検証と活用イメージ」を基に筆者作成）

そして、以下の順序で分析を進めることとした。

① 事前検討：深刻化事案の定義

② 基礎研究：深刻化事案に関するデータ集計・可視化

③ 技術検証：AI 活用による深刻化事案の予測技術検証

③については、図 7-4 記載の手法で検証を行うことを想定した。

## データ分析で明らかになったいじめが深刻化する要素

実証実験では、いじめ報告書約 9,000 件を AI で分析した。その結果、以下のような場合、高確率でいじめが深刻化することが分かった。

まず、加害者指導が未実施で、被害児童・生徒が「欠席」している場合や被害者のケアが未実施の場合は、深刻化 100%であった（**図 7-5**）。

また、加害者対応が実施されていても、SNS 中傷の場合は深刻化 82% であった（**図 7-6**）。

要約すると、図 7-7 記載の場合に、いじめが深刻化することが明らかに

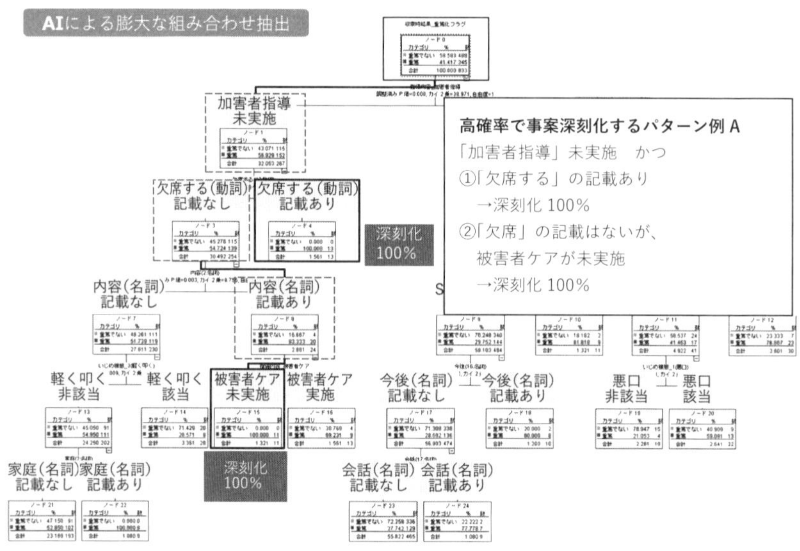


図 7-5　予測モデルが算出した高確率で事案深刻化するパターン（加害者対応未実施ケース）

（出典：大津市教育委員会「AI を用いたいじめ事案の予測分析について」（2019 年）25 頁「予測モデルが算出した高確率で事案深刻化するパターン」／注：膨大にある組み合わせの一例を表示している。本実証実験での結果であり、検証の継続が必要）

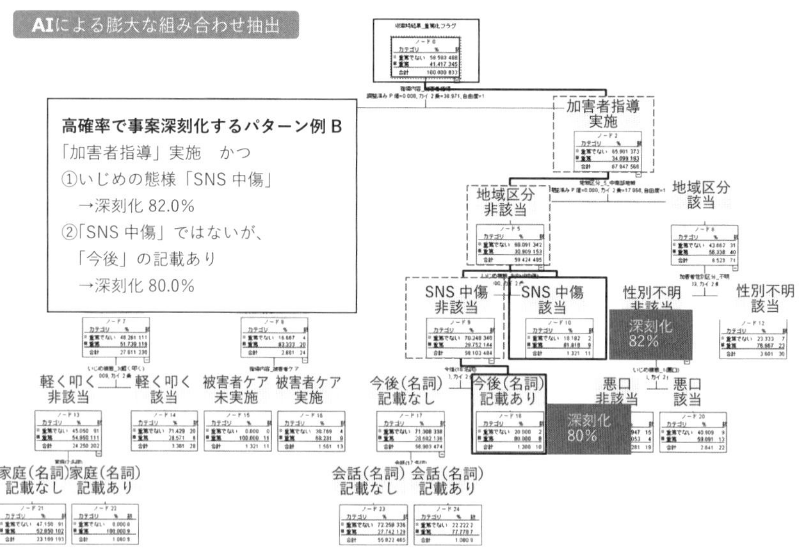


図 7-6　予測モデルが算出した高確率で事案深刻化するパターン（加害者対応実施ケース）

（出典：大津市教育委員会「AI を用いたいじめ事案の予測分析について」（2019 年）26 頁「予測モデルが算出した高確率で事案深刻化するパターン」／注：膨大にある組み合わせの一例を表示している。本実証実験での結果であり、検証の継続が必要）

| 発覚経緯 | 他の児童生徒、被害保護者 |
|---|---|
| いじめの態様 | SNS中傷、無視等 |
| 指導内容 | 加害者指導が未実施 |

図 7-7　いじめが深刻化するケースの特徴
（出典：大津市教育委員会「AI を用いたいじめ事案の予測分析について」（2019 年）32 頁を基に筆者作成）

| | |
|---|---|
| いじめの発生時間帯 | ・教員の目の届かない休み時間（午前休み中が最多）や下校時が多い。<br>・小学校では長休み、中学校では学校外時、部活動中で発生したいじめの深刻化割合が高い。 |
| いじめ事案の発覚経緯 | ・第一発見者が教員でない場合、いじめがより進行している状況が予想される。 |
| 高確率で深刻化するパターン | ・「加害者を指導していない」「被害者をケアしていない」「当日・翌日に欠席している」が組み合わさった事案で特に危険度が高い。したがって、どのような状況であったとしても、当事者に対する対応をすぐに実行することが重要である。<br>・SNS中傷は、教員から「見えにくい」事案であるため、慎重かつ継続的に対応を行わなくてはならない。 |

図 7-8　いじめの発生・発覚・深刻化に関して得られた主な知見
（出典：大津市教育委員会「AI を用いたいじめ事案の予測分析について」（2019 年）20 頁、22 頁、27 頁を基に筆者作成）

なった。さらに、それらのデータを有識者会議で検証し、いじめの発生・発覚・深刻化について専門的な知見が得られた（図 7-8）。

これまで、どのような場合にいじめが深刻化するかについて、教員の「経験」という名の下に曖昧であったものが、一定の要素が可視化され、客観的に整理された。そして、それを専門家が分析することにより、今後の対応に対する知見が示されたのである。

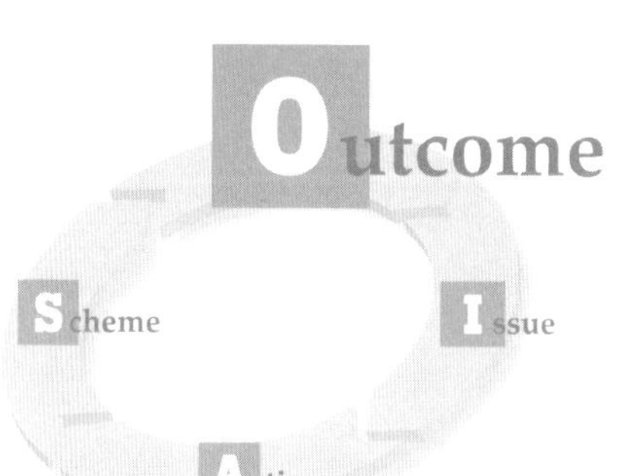


Case 7

# AI分析のさらなる活用と他分野への応用の可能性

## AI分析結果の活用

いじめ事案のAI分析によって有用な結果が得られたため、今後さらに、AIを活用した深刻度チェックのシステムの運用を目指すこととした。

具体的には、AI分析で得られた結果を活用し、教員がいじめ報告書を作成する際に、必要事項をシステムに入力した時点で、発覚の経緯、加害児

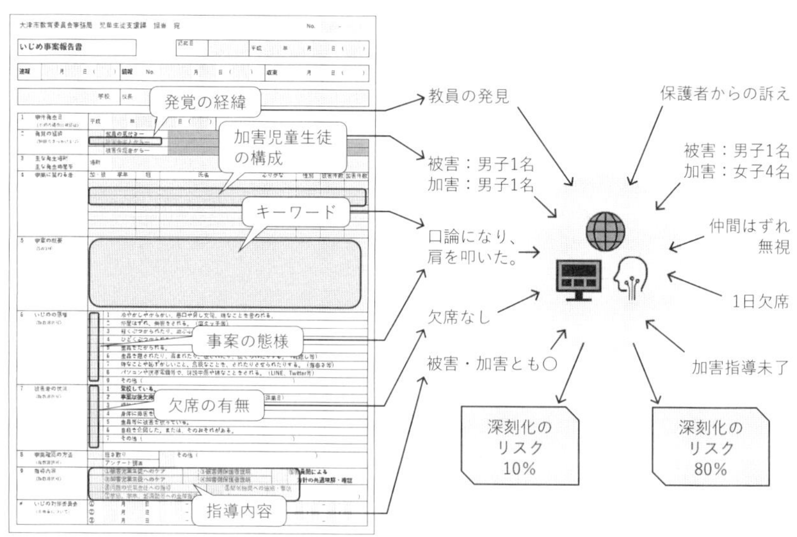


図7-9　運用デモイメージ
（出典：大津市教育委員会「AIを用いたいじめ事案の予測分析について」（2019年）37頁「運用デモイメージ（例）」）

童生徒の構成、「叩いた」等のキーワード、事案の態様、欠席の有無、指導内容等から、深刻化リスクが分かるようなシステムの導入である（図7-9）。

例えば、深刻化リスクが80%と分かることにより、これまで教員の認識や力量により対応が分かれていたものが、誰であっても注意すべきいじめ事案に気付くことができ、適切な対応が可能となる。

また、その他のAI分析結果の活用方策として、教員のためのチェックリストやリーフレットの作成、教員研修でのグループワーク等に活かされることになった。

## その他の行政DXの実践例

大津市では、AIいじめ深刻化予測の他にも、新しいテクノロジーを利用した様々な取り組みを行った。以下では、行政手続きオンライン化について総括した上で、特に参考となる事例を紹介する。

### DX事例① 行政手続きのオンライン化

大津市では、2019年3月「大津市デジタルイノベーション戦略」を策定し、副市長および部局長等からなる大津市デジタルイノベーション戦略本部を設置した。「大津市デジタルイノベーション戦略」は、以下を基本方針としている。

① ICT技術の活用による行政サービスの向上

② 事務効率の向上による働き方改革の推進

③ クラウド化・無線化の推進と高度なセキュリティの構築

①については、行政DXの目的として、市民の利便性を向上させることを第一に考えるべきである。例えば、大津市では、住民票の交付はマイナンバーカードがあればコンビニエンスストア等でも可能であったが、保育園利用希望申込、要介護認定・要支援認定申請等の多くの手続きは、まだ

オンライン化されていなかった。平日に働く市民は市役所に来るために仕事を休まざるをえず、また高齢者や障がい者が市役所に来ること自体が困難な場合もある。このような不便を解消し、市民が行政サービスにアクセスしやすくすることが一番の目的である。

なお、このような議論をしたときに、高齢者がオンライン化についていけないという反論がなされることがある。しかし、行政手続きをオンライン化することに伴い、対面での手続きを直ちに廃止するわけでない。また、高齢者も含め誰もが使いやすいシステムを構築する方向で検討すべきであろう。

②については、人口減少による厳しい財政状況の下で職員の人数も限られる中、職員の事務作業を減らし、政策形成や市民対応により時間をさけるようにすべきである。私は、今後 AI 等のテクノロジーの進化により、職員の仕事は、市の将来を「考える」仕事と市民の意見を「聴く」仕事になるだろうと言っていた。

このような基本方針に従い、大津市では行政手続きのオンライン化を進めた。具体的には、法律上オンライン化が認められない等の理由があるも

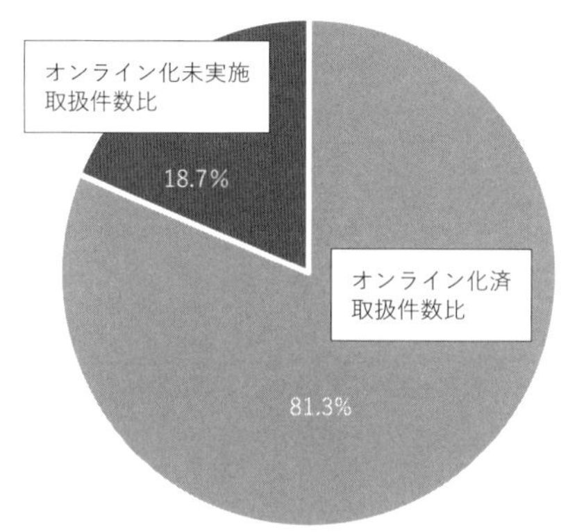


図 7-10　2020 年度末時点の行政手続き年間取扱件数比の予定

(出典:大津市「第 3 回大津市デジタルイノベーション戦略本部会議」(2020 年) 1 頁「令和 2 年度末時点の手続き年間取扱件数比」／注:2020 年 1 月時点の予定)

のを除き、全ての行政手続きをオンライン化するという目標の下、手続きの申請件数が多いものから、取り組みを進めることとした。2020年度末までに、1,251の行政手続き総数のうち、申請件数の多い146の手続きをオンライン化することにより、申請件数ベースでいえば、全ての行政手続きの約81%にあたる約1,324,000件の手続きのオンライン化を想定した（**図7-10**）。

そして、部局ごとに、オンライン化済みとオンライン化予定の行政手続きを分けて進捗管理することとした。

このように、行政手続きのオンライン化を進める上では、まず全ての行政手続きを各部局ごとに洗い出し、法律上オンライン化が認められない等の理由があるもの以外はオンライン化するという目標を持つことで、網羅的かつ全庁的に行政DXを進めることができる。

## DX事例② AIによる道路損傷検出

大津市は、2019年6月、千葉市等で構成されるMy City Reportコンソーシアム（以下、「MCRコンソーシアム」という）に参加し、AIによる道路損傷検出を開始した。MCRコンソーシアムのベースとなるプラットフォームは、東京大学が国立研究開発法人情報通信研究機構からの研究委託を受けて開発し、千葉市等とともに取り組んできたものである。

道路の維持修繕は、全国の自治体にとって安全性確保のために重要な業務である。これまでは、各自治体が所管する道路について、巡回による目視点検や市民からの通報等に基づき、道路の修繕箇所を特定し、修繕を行っていた。大津市でも、市が委託した業者が道路パトロール車で巡回する等して、目視で修繕箇所を確認していた。

これに対し、MCRコンソーシアムの取り組みは、公用車等のダッシュボードに専用のアプリを搭載したスマートフォンを設置して走行し、路面を撮影することで、アプリのAIが、自動で損傷個所を検出するというも

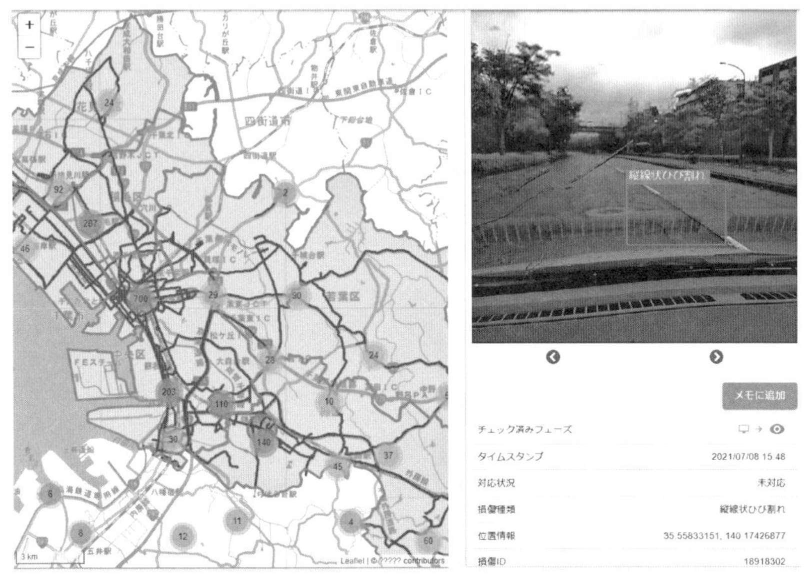


図 7-11　道路状況自動診断の様子（提供：My City Report コンソーシアム）

のである（図 7-11）。

AI を活用することにより、目視点検では報告されていない軽微な損傷も把握することが可能となる。また、AI で道路の損傷の種類や程度を自動判定することができるため、効率的かつ迅速な修繕が可能となり、道路の安全性の向上に資する。

この取り組みのポイントとして強調したいのは、他都市との協働によるメリットである。MCRコンソーシアムには、2021年8月現在、大津市以外に、千葉市、加賀市、和歌山県、東広島市、石巻市、神奈川県等の14の自治体がパートナーとして参加している。

他都市と協働する第一のメリットは、自治体間で共通する業務について新しいテクノロジーを共同開発することで、コストを下げることである。すなわち、道路修繕はどの自治体も行っている業務であり、開発したAIを他市でも利用することができる。1つの自治体でAIを開発するには、知見も必要であり、コストもかかる。大津市は、千葉市が先行して取り組んでいたMCRコンソーシアムに参加することで、AIの技術を得ることができた。また、MCRコンソーシアムでは自治体規模に応じて年会費が設定されており、人口約34万人の大津市の年会費は、1,225,000円である。単独で一からAIを開発するのと比較し、圧倒的に安価である。

第二のメリットは、自治体間での知見の共有である。MCRコンソーシアムの取り組みでは、検出された損傷画像は自動でサーバーへアップロードされ、蓄積されるデータをAIに学習させ、精度の向上を図っている。自治体が共同で取り組むことで、損傷個所の画像データの蓄積も増え、AIをさらに進化させることができる。また、分析の過程で、各市を比較することにより、それぞれの道路修繕の基準が異なる等の発見もあった。

このように全国の自治体で共通する業務について、MCRコンソーシアムのような共同体を組成する等して、自治体が協働して取り組むことは、非常に有用である。

### DX事例③　ドローンによる橋梁点検

大津市は、2019年11月、ドローンとロボットカメラを活用した橋梁点検を行い、その有効性を検証した。

橋梁点検も、自治体にとって、安全性確保のために重要な業務であるが、

図 7-12　ドローンによる橋梁点検の様子

財政的な負担も大きい。例えば、大津市内の管理橋梁は943橋ほどあり、5年に1度の定期点検が必要となるため、年間200橋程度を点検する必要があった[注2]。委託や職員の目視による点検を行っていたが、橋梁の下部の点検には、足場の設置や高所作業車が必要となる。特に、道路や線路をまたぐ跨道橋や跨線橋の場合には、夜間に作業が終わらなければ、足場をいったん撤去して組みなおす等、多大な費用を要する。そのため、大津市では、2014年度から2018年度までの5年間で、約3億9千万円の点検費用を要していた。

そのような中、国土交通省の道路橋定期点検要領が2019年2月に改定され、「新技術利用のガイドライン（案）」も公開された。従前は「定期点検は近接目視によることを基本とする」とされていたのが、改定により、「近接目視によるときと同様の健全性の診断を行うことができると判断した方法」によることも可能となった。

そこで、大津市は、ドローンを活用し橋梁点検を行った（図7-12）。ドローンについては、株式会社デンソーのドローンを使用した。

ドローンによる橋梁点検の精度を検証したところ、剥離・鉄筋露出、変形・欠損、湧水・遊離石灰、ひびわれ等の多くの損傷について、ドローンによる点検は、人の目の代替となりうる性能があることが分かった[注3]。そして、ドローンやロボットカメラの活用により、費用が3割以上削減でき、点検に要する日数が半分になることも見込まれた[注4]。

ここでのポイントは、AIいじめ深刻化予測とも共通するが、大津市には、ドローンに関する知見がないため、民間事業者と連携し、自治体の業務に新しいテクノロジーを活用したことである。さらに、専門家である大学教授からもアドバイスを得ることで、技術的見地からの検証もできた。新しいテクノロジーの導入には、民間事業者と専門家との連携が欠かせないのである。

## 今後の行政DXの可能性と自治体の役割の転換

上記以外にも、大津市では、保育園入所手続きや高齢者のケアプランのチェックのためにAIの活用を試みたり、AIチャットボットやAIによる市内イベントの情報の集約・発信等にも取り組んだりした。

AIは大量のデータを処理し分析するのに適しているところ、自治体は、データの宝庫である。例えば、国民健康保険や介護保険等のヘルスケアに関するデータ等、様々なデータが眠っている。当然、個人情報の保護は必要であるが、AIを利用してデータを有効に活用すれば、市民の健康寿命を延ばす等、市民生活の向上に役立てることができる。また、民間事業者から見ても、非常に有用なデータであり、自治体と協力してデータ活用を行う意義は大きい。

新しい時代の自治体の役割は、自治体の中で業務を完結させるのではなく、情報をオープンにし、民間事業者に活用してもらうことである。そのことによって、自治体と民間事業者が、大量の行政データという自治体の財産と新しいテクノロジーに対する民間の知見を持ち寄り、Win-Winの関係になることができる。そして、そのような取り組みによって、最終的な便益を受けるのは、市民である。

自治体は、人口減少と少子高齢化により財政状況がますます厳しくなる中、今まで以上に行政効率を高めることが求められている。その1つの解が、新しいテクノロジーの活用である。そのために必要なのは、自治体がその役割を転換し、民間事業者に空間と情報を開放するプラットフォーマーとなることである。

注

注1：EBPMとは、Evidence-Based Policy Makingの略であり、政策の企画をその場限りのエピソードに頼るのではなく、政策目的を明確化した上で合理的根拠（エビデンス）に基づくものとすることを意味する（内閣府ウェブサイト「内閣府におけるEBPMへの取組」<https://www.cao.go.jp/others/kichou/ebpm/ebpm.html>（2021年8月12日最終閲覧））。

注2：大津市未来まちづくり部道路・河川課「新技術を活用した橋梁点検の検証について」（2020年）2頁。

注3：同上20頁。

注4：大津市未来まちづくり部道路・河川課「ICTドローンとロボットカメラを用いた橋梁点検」（2019年）3頁。

# おわりに

本書を読んでくださった皆様、誠にありがとうございました。

私は、2012年、当時全国最年少の女性市長として大津市長に就任し、子育て支援、行財政改革およびいじめ対策に取り組んできました。厳しい財政状況の下、まちづくりについては何をするにしても「お金がない」というところから出発せざるを得ず、職員と悪戦苦闘しながら辿りついたのが、公民連携という道でした。

そして、公民連携の結果できあがった大津駅ビルやブランチ大津京を見て、公民連携の真の価値に気付きました。それは、市民の笑顔でした。公民連携は、単なる経費削減ではなく、市民が楽しいワクワクする空間をつくるためのものだったのです。私自身、何かを言葉で説明しなくても、その空間に来るだけで市民に変化を感じてもらえることの素晴らしさに気付きました。その感動は、私をまちづくりの面白さの虜(とりこ)にしました。

私がスマートシティに取り組み始めたのは、2期目になってからです。地域での様々な困りごとをテクノロジーで解決できないかと思ったのです。市民生活を便利にしたい、もっと効率的な行政にしたいという思いが、スマートシティを進める原動力となりました。

私は、まちづくりについては素人でしたが、だからこそ、市民感覚で市民が喜んでくれる空間をつくりたいと思って取り組んできました。テクノロジーについても素人でしたが、自動運転バスに乗るときは、いつもワクワクしました。そこには、未来への期待がありました。まちが変わったときの市民の笑顔と感動を、忘れることができません。

私は、当時、まちの将来像として、「琵琶湖の上に浮かびながら仕事をする」という絵を自分で書いていました。それは、人が働く場所にとらわれず、自分の好きな場所で時間を過ごすという理想を示したものでした。新型コロナウィルス感染症の影響もありリモートワークが進み、思っていたよりも早くそのような日が近づいてきました。

私は市長としてやり残したことはないと思っているのですが、公民連携とスマートシティについては、これからも弁護士として、関わっていきます。本書で述べた様々なスキームを組む際にも、M&A 弁護士としての知識と経験が助けてくれました。これからは、民間事業者と自治体を結びつける接着剤のような存在として、全国の公民連携とスマートシティの取り組みを応援していきたいです。特に、自治体を知る者として、困っている民間事業者やスタートアップの力になれればと思っています。

本書で述べたそれぞれの取り組みを進めるにあたり、そして、本書を執筆するにあたり、お世話になった全ての皆様に心から御礼申し上げます。

いずれの取り組みが進んだのも、大津市職員の皆様のおかげです。新しい挑戦には苦労がつきものですが、それを乗り越え、新しい取り組みを実現してくださった皆様に心から感謝申し上げます。

様々な取り組みに参加し支えてくださった全ての市民の皆様、本当にありがとうございました。皆様の日々の活動に重ねて御礼申し上げます。また、二元代表制という制度の下、まちづくりについて議論し、ともに大津市をよくしようと歩んでくださった市議会の皆様に、厚く御礼申し上げます。

そして、大津市の夢をともに実現してくださった民間事業者の皆様、誠にありがとうございました。公民連携やスマートシティの素晴らしさを教えていただきました。

さらに、お世話になった大学の先生や専門家の皆様、そして、国土交通省、経済産業省、警察庁、滋賀県や滋賀県警をはじめとする関係機関の皆様に、御礼申し上げます。皆様のお力がなければ、取り組みを進めることはできませんでした。全ての関係者の方々に心から感謝申し上げます。

最後に、本書を執筆するにあたりお世話になりました松本優真様をはじめとする学芸出版社の皆様、三浦法律事務所の皆様、ご協力いただいた全ての皆様、本当にありがとうございました。

多くの方々のお力でできあがった本書が、全国の自治体で公民連携やスマートシティが進む一助となれば幸いです。

2021年8月吉日

越直美

〈著者略歴〉

**越直美**（こし・なおみ）

1975年大津市出身。西村あさひ法律事務所、ニューヨークのDebevoise & Plimpton法律事務所、コロンビア大学ビジネススクール客員研究員を経て、2012年から2020年まで大津市長。当時歴代最年少の女性市長として、待機児童ゼロ、M字カーブの解消、人口増加を達成。2020年より、三浦法律事務所パートナー弁護士として、M&A、スタートアップ、スマートシティ、官民連携支援。2021年、企業の女性役員を育成・支援するOnBoard株式会社を設立し代表取締役CEO。株式会社ブイキューブ、ソフトバンク株式会社の社外取締役。北海道大学大学院法学研究科修士課程・ハーバード大学ロースクール修了。日本・ニューヨーク州・カリフォルニア州弁護士。著書に『教室のいじめとたたかう ――大津いじめ事件・女性市長の改革――』（ワニブックス）。

**公民連携まちづくりの実践**
**公共資産の活用とスマートシティ**

2021年9月25日 第1版第1刷発行
2022年6月10日 第1版第2刷発行
2024年3月30日 第1版第3刷発行

著者　越直美

発行者　井口夏実

発行所　株式会社 学芸出版社
京都市下京区木津屋橋通西洞院東入
電話 075-343-0811　〒600-8216
http://www.gakugei-pub.jp/
info@gakugei-pub.jp

編集担当　松本優真

DTP　梁川智子
装丁　中川未子（紙とえんぴつ舎）
印刷　イチダ写真製版
製本　新生製本

© 越直美 2021　Printed in Japan
ISBN978-4-7615-2789-1

JCOPY 〈(社) 出版者著作権管理機構委託出版物〉
本書の無断複写（電子化を含む）は著作権法上での例外を除き禁じられています。複写される場合は、そのつど事前に、(社)出版者著作権管理機構（電話 03-5244-5088、FAX 03-5244-5089、e-mail: info@jcopy.or.jp）の許諾を得てください。また本書を代行業者等の第三者に依頼してスキャンやデジタル化することは、たとえ個人や家庭内での利用でも著作権法違反です。

おすすめの書籍

## 公共 R 不動産のプロジェクトスタディ

### 公民連携のしくみとデザイン

公共 R 不動産 編集／馬場正尊・飯石藍・菊地マリエ・
松田東子・加藤優一・塩津友理・清水襟子 著
四六判・208 頁・本体 2000 円＋税

公共空間の活用が加速している。規制緩和が進み、使い方の可能性が広がり、行政と民間の連携も進化。本書は企業や市民が公共空間を実験的／暫定的／本格的に使うためのノウハウを、国内外のリノベーション活用事例、豊富な写真・ダイアグラムで紹介。公共空間をもっとオープンに、公民連携をもっとシンプルに使いこなそう。

---

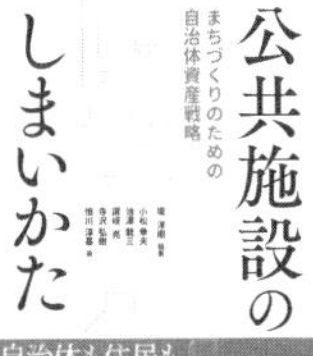


## 公共施設のしまいかた

### まちづくりのための自治体資産戦略

堤洋樹 編著／小松幸夫・池澤龍三・
讃岐亮・寺沢弘樹・恒川淳基 著
A5 判・192 頁・本体 2300 円＋税

人口減少と財政難の時代を迎え、もはや自治体も住民も「老いる公共施設」の問題からは逃げられない！一方的な総量削減ではなく、自治体と住民の協働による削減・整理・再活用で非効率な公共支出を減らし、公共サービスの質の向上もしくは必要最低限の継続を実現し地域の価値を上げる、縮充社会の公共資産づくりマニュアル。

---

## デンマークのスマートシティ

### データを活用した人間中心の都市づくり

中島健祐 著
四六判・288 頁・本体 2500 円＋税

税金が高くても幸福だと実感できる暮らしと持続可能な経済成長を実現するデンマーク。人々の活動が生みだすビッグデータは、デジタル技術と多様な主体のガバナンスにより活用され、社会を最適化し、暮らしをアップデートする。交通、エネルギー、金融、医療、福祉、教育等のイノベーションを実装する都市づくりの最前線。

---

## RePUBLIC　公共空間のリノベーション

馬場正尊＋ Open A 著
四六判・208 頁・本体 1800 円＋税

建築のリノベーションから、公共のリノベーションへ。東京 R 不動産のディレクターが挑む、公共空間を面白くする仕掛け。退屈な公共空間をわくわくする場所に変える、画期的な実践例と大胆なアイデアを豊富なビジュアルで紹介。誰もがハッピーになる公園、役所、水辺、学校、ターミナル、図書館、団地の使い方を教えます。

---

おすすめの書籍

## PUBLIC DESIGN 新しい公共空間のつくりかた

馬場正尊＋ Open A 編著／木下斉・松本理寿輝・古田秘馬・小松真実・田中陽明・樋渡啓祐 著

四六判・224 頁・本体 1800 円＋税

パブリックスペースを変革する、地域経営、教育、プロジェクトデザイン、金融、シェア、政治の実践者 6 人に馬場正尊がインタビュー。マネジメント／オペレーション／プロモーション／コンセンサス／プランニング／マネタイズから見えた、新しい資本主義が向かう所有と共有の間、それを形にするパブリックデザインの方法論。

---

## リノベーションまちづくり

### 不動産事業でまちを再生する方法

清水義次 著

A5 判・208 頁・本体 2500 円＋税

空室が多く家賃の下がった衰退市街地の不動産を最小限の投資で蘇らせ、意欲ある事業者を集めてまちを再生する「現代版家守」（公民連携による自立型まちづくり会社）による取組が各地で始まっている。この動きをリードする著者が、従来の補助金頼みの活性化ではない、経営の視点からのエリア再生の全貌を初めて明らかにする。

---

## イギリスとアメリカの公共空間マネジメント

### 公民連携の手法と事例

坂井文 著

A5 判・236 頁・本体 2500 円＋税

イギリスとアメリカでは不況下に荒廃した公共空間を、民間活用、都市再生との連動により再生し、新たに創出してきた。その原動力となったのは、企業や市民、行政、中間支援組織など多様なステークホルダーが力を発揮できる公民連携だ。公共空間から都市を変えるしくみをいかに実装するか。ロンドン、ニューヨーク等の最前線。

---

## 地方都市を公共空間から再生する

### 日常のにぎわいをうむデザインとマネジメント

柴田久 著

A5 判・236 頁・本体 2600 円＋税

公園の環境悪化、小学校の廃校跡地、中心市街地からの百貨店撤退、車中心の道路空間等、地方都市が直面する公共空間・施設再生の処方箋。多くの現場で自治体･市民と協働してきた著者は、日常的に住民が集い活動できる場の創出こそが経済的な好循環にもつながると唱え、その手法を実例で詳述。行政職員・コンサルタント必携。

---

おすすめの書籍

## 都市公園のトリセツ

### 使いこなすための法律の読み方

平塚勇司 著

A5 判・204 頁・本体 2500 円＋税

都市公園が公共空間としての役割を最大限に発揮するには、整備・管理する行政、行政と連携し公園運営等を担う民間事業者等、利用する市民の三者全てが Win-Win-Win であることが必要だ。本書では、各主体が都市公園を使いこなすための正しい法令等の知識や運用方法を Q&A の対話形式で解説。現場で役立つ法令解釈や考え方を明快に提示する。

---

## 空き家再生でみんなが稼げる地元をつくる「がもよんモデル」の秘密

和田欣也・中川寛子 著

四六判・192 頁・本体 2000 円＋税

築百年以上の古民家が数多く残る大阪市城東区蒲生 4 丁目、通称「がもよん」。ここ 10 余年で 30 軒超が次々と再生され、空き家活用の先進地として注目を集めてきた。適度な耐震改修、有望な店舗の誘致、飲食業態による収益確保、地主との協働、競合せず共存できる関係づくりなど、皆が稼げるまちの仕組みを仕掛け人が明かす。

---

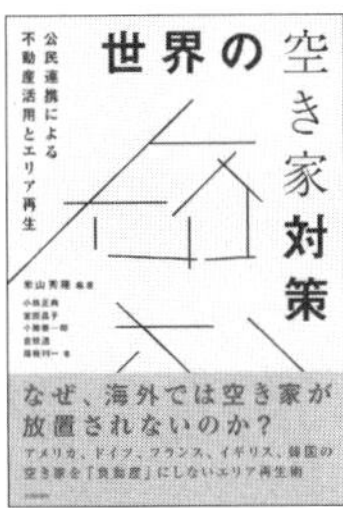


## 世界の空き家対策

### 公民連携による不動産活用とエリア再生

米山秀隆 編著／小林正典・室田昌子・小柳春一郎・倉橋透・周藤利一 著

四六判・208 頁・本体 2000 円＋税

日本に 820 万戸もある空き家。なぜ、海外では空き家が放置されないのか？　それは、空き家を放置しない政策、中古不動産の流通を促すしくみ、エリア再生と連動したリノベーション事業等が機能しているからだ。アメリカ、ドイツ、フランス、イギリス、韓国にみる、空き家を「負動産」にしない不動産活用＋エリア再生術。

---

## アメリカの空き家対策とエリア再生

### 人口減少都市の公民連携

平修久 著

四六判・288 頁・本体 2500 円＋税

アメリカは空き家対策の先進国だ。人口減少都市では大量に発生した空き家を、行政のシビアな措置、多様な民間組織の参画、資金源の確保等により、迅速に除却・再生し不動産市場に戻すしくみを構築している。空き家を負債にせず大胆に活用し、衰退エリアを再生するアメリカの戦略・手法を、日本への示唆を含めて具体的に解説。

---

おすすめの書籍

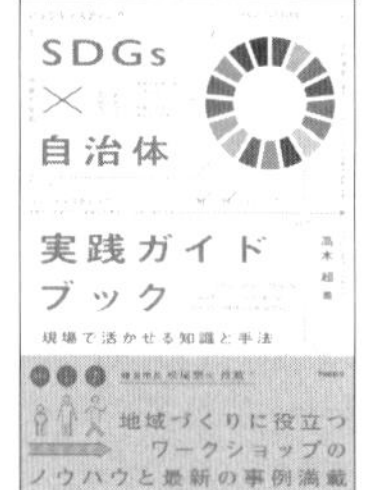


## SDGs×自治体　実践ガイドブック

### 現場で活かせる知識と手法

高木超 著

A5判・184頁・本体2200円＋税

持続可能な開発目標（SDGs）達成に向けた取り組みが盛んだ。本書では、自治体が地球規模の目標を地域に引きつけて活用する方法を、[1] SDGsの基本理解 [2] 課題の可視化と目標設定 [3] 既存事業の整理と点検 [4] 政策の評価と共有の4STEPで解説。先進地域の最新事情や、現場で使えるゲーム・ワークショップ等のノウハウも紹介。

---

## 世界のSDGs都市戦略

### デジタル活用による価値創造

櫻井美穂子 著

四六判・256頁・本体2400円＋税

地球規模で複雑化する社会課題に都市はどう適応できるのか？レジリエンスをキーワードに、世界20の都市戦略と実践から持続可能な街づくりのヒントを読み解く。共通するのは共創による対話、課題発見と解決による価値創造。鍵となるのは協働、デジタル、コミュニケーション、そして一人ひとりの文脈に即したパーソナライズ。

---

## SDGs先進都市フライブルク

### 市民主体の持続可能なまちづくり

中口毅博・熊崎実佳 著

A5判・220頁・本体2600円＋税

環境、エネルギー、技術革新、働きがい、人権、教育、健康……フライブルクではSDGsに関わる市民・企業活動が広がっている。本書では、それらがなぜ個々の活動をこえて地域全体の持続可能性につながっているのかを探り、SDGsを実現するために自治体や企業、市民が考えるべきこと、政策や計画立案、協働・連携のヒントを示す。

---

## 実践から学ぶ地方創生と地域金融

山口省蔵・江口晋太朗 著

A5判・240頁・本体2400円＋税

まちの持続可能な経済循環は、地域資源を活かした課題解決に取り組む事業者や行政と、受け身の体制を脱し創造的な支援や連携を目指す地域金融機関の協働から生まれる。本書では各地の意欲的なプロジェクト11事例を取り上げ、背景にあるキーパーソンやステークホルダーの関係性を紐解き、事業スキームのポイントを解説する。

---